Rahul Patil

# Efeitos do extrato de planta no testículo e epidídimo do rato durante o envelhecimento

Rahul Patil

# Efeitos do extrato de planta no testículo e epidídimo do rato durante o envelhecimento

ScienciaScripts

**Imprint**
Any brand names and product names mentioned in this book are subject to trademark, brand or patent protection and are trademarks or registered trademarks of their respective holders. The use of brand names, product names, common names, trade names, product descriptions etc. even without a particular marking in this work is in no way to be construed to mean that such names may be regarded as unrestricted in respect of trademark and brand protection legislation and could thus be used by anyone.

Cover image: www.ingimage.com

This book is a translation from the original published under ISBN 978-3-659-76755-5.

Publisher:
Sciencia Scripts
is a trademark of
Dodo Books Indian Ocean Ltd. and OmniScriptum S.R.L publishing group

120 High Road, East Finchley, London, N2 9ED, United Kingdom
Str. Armeneasca 28/1, office 1, Chisinau MD-2012, Republic of Moldova, Europe
Printed at: see last page
ISBN: 978-620-8-12764-0

# **PREFÁCIO**

Hoje em dia, a população enfrenta perturbações reprodutivas desde muito cedo, o que faz com que as pessoas sofram mais na velhice. Embora a esperança de vida do ser humano tenha aumentado, é um facto que as pessoas não estão a viver de forma saudável à medida que a idade avança. A nível individual, o envelhecimento normal envolve a degeneração da estrutura física e das funções dos órgãos, a doença e a incapacidade. Uma parte do processo de envelhecimento que afecta a composição corporal está relacionada com alguns acontecimentos importantes na função endócrina do organismo.

Um declínio gradual na capacidade reprodutiva do homem indica o envelhecimento reprodutivo. Mas devido à urbanização, à mecanização e à vida stressante, as deficiências reprodutivas ocorrem também na idade adulta. Hoje em dia, a utilização de suplementos dietéticos de antioxidantes está a tornar-se muito comum para tratar um grande número de doenças. Embora não se tenha trabalhado muito sobre os seus efeitos nas capacidades reprodutivas, o relatório sugere que os suplementos de antioxidantes podem ajudar a minimizar o risco de cancro, doenças cardíacas e doenças neurodegenerativas. Na presente investigação, foram feitos esforços para descobrir os efeitos protectores das plantas ricas em antioxidantes Petroselinum crispum, Lactuca sativa e Bacopa monniera nos testículos e epidídimos de ratos idosos induzidos por D-galactose.

O primeiro capítulo descreve a biologia do envelhecimento, o papel dos radicais livres e do stress oxidativo durante o envelhecimento, o sistema de defesa celular e a utilização de vários fitoquímicos na dieta que podem atuar como antioxidantes. O terceiro capítulo consiste no efeito dos extractos de plantas na espermatogénese. A peroxidação lipídica e a fluorescência dos testículos e do epidídimo de ratinhos idosos induzidos por D-galactose são explicadas no capítulo IV. Os capítulos V e VI contêm o estudo da enzima lactato desidrogenase e do teor de fosfolípidos em ratos tratados com extractos de plantas.

Os resultados são mencionados sob a forma de tabelas, gráficos, exames electroforéticos e placas fotográficas. As observações finais são incluídas no resumo e na conclusão. As observações são apoiadas pelas referências bibliográficas.

# ÍNDICE DE CONTEÚDOS:

Petroselinum crispum

Lactuca sativa

Bacopa monniera (Linn.)

# CAPÍTULO 1

# INTRODUÇÃO:

A alteração do perfil da população fez com que muitas pessoas vivessem até uma idade muito avançada. O corolário natural de viver muito tempo é envelhecer. Porque é que envelhecemos? Qual é o mecanismo do envelhecimento? Elucidar estas questões fundamentais relacionadas com a causa do envelhecimento que ocorre em todos os organismos, incluindo os seres humanos. O envelhecimento é um problema intelectualmente desafiante. Desvendar as bases celulares, moleculares e genéticas deste fenómeno ajudar-nos-á, pelo menos, a adiar o início do envelhecimento ou a abrandar o seu processo.

O envelhecimento é descrito como uma deterioração progressiva das funções físicas e mentais após o fim do período de crescimento. O tempo de vida de todos os organismos multicelulares é caracterizado por uma transição suave da fase de desenvolvimento para a fase reprodutiva, a que se segue um período de senescência (envelhecimento) e morte. Atualmente, devido à urbanização, poluição, mecanização e toxicidade ambiental, as pessoas enfrentam efeitos adversos nos processos reprodutivos, bem como noutros sistemas importantes, mesmo em idade jovem. Se este estilo de vida continuar durante anos, as crianças de hoje sofrem vários problemas reprodutivos na sua juventude, por exemplo, nos homens, regressão dos testículos e diminuição da esteroidogénese e espermatogénese, o que resulta em envelhecimento reprodutivo. Chegou o momento de encontrar algumas soluções concretas para uma vida saudável, que tornará o envelhecimento agradável.

### A) Biologia do envelhecimento:

Todos os animais sofrem o fenómeno do envelhecimento, incluindo as alterações morfológicas e funcionais decorrentes da degenerescência (Lee & Park, 1997). O envelhecimento é um processo natural, que envolve um declínio aparentemente inevitável das funções fisiológicas que ocorrem ao longo do tempo (Herman, 1981). Várias funções celulares diminuem progressivamente com a idade, o que pode levar à morte celular. As alterações morfológicas nas células envelhecidas incluem núcleos irregulares, Golgi diminuído, acumulação de lipofuscina (Semsei, 2000), produtos finais de glicação avançada (AGE), etc. Os factores externos, como os factores ambientais dos agentes tóxicos e certas condições de doença, também desempenham um papel igualmente importante no envelhecimento (Sanocka e Kurpisz, 2004; Alvarez et al, 1987). Assim, o envelhecimento é multifatorial (Semsei, 2001);

Cada tipo de célula, órgão e sistema do corpo pode ter o seu próprio padrão de alterações caraterísticas com o envelhecimento, mas há um conjunto básico de princípios subjacentes que regem os fenómenos reais de redução da capacidade fisiológica, danos celulares e morte celular. Várias teorias explicam o mecanismo do envelhecimento, como a hipótese da membrana (Zs-Nagy, 1978), a teoria da mutação do ADN (Strehler e Freeman, 1980), a teoria das ligações cruzadas do envelhecimento (Miquel, 2002), a teoria dos radicais livres (Herman, 1981), etc.

A teoria dos radicais livres, proposta por Herman em 1957, é talvez a teoria mais forte e mais bem estabelecida cientificamente para explicar muitas das alterações relacionadas com a idade. Os radicais livres são intermediários químicos reactivos de vida curta, altamente reactivos devido à presença de electrões desemparelhados que oxidam lípidos, aminoácidos e hidratos de carbono (Semsei, 2000). Estes radicais livres ou espécies reactivas de oxigénio, como o radical hidroxilo (OH· ), os aniões superóxido ($0_2^-$ ) e os óxidos nítricos (NO), inactivam enzimas e danificam componentes celulares importantes, provocando lesões nos tecidos através de ligações covalentes e da peroxidação lipídica. Os radicais livres danificam as moléculas das quais retiram electrões, provocando danos ou a morte das células. As principais moléculas do organismo que são danificadas pelos radicais livres são o ADN, os lípidos e as proteínas.

Os danos provocados pelos radicais livres no ADN podem ultrapassar os mecanismos de reparação das células, conduzindo a um funcionamento celular deficiente ou mesmo à morte celular. Os radicais livres também podem alterar algumas partes do ADN, provocando um crescimento descontrolado das células, resultando em cancro (Floyd, 1990), um processo que ocorre com maior frequência com a idade. Os danos no ADN das mitocôndrias, as "fábricas de energia" das células que geram as moléculas produtoras de energia, o ATP, podem causar uma diminuição da capacidade de algumas partes do corpo produzirem energia adequada para grandes exigências (Beal, 1997; Hansford et al, 1997).

Os danos provocados pelos radicais livres nos lípidos podem favorecer a oxidação das lipoproteínas de baixa densidade (LDL), conduzindo a placas que obstruem as artérias (aterosclerose) (Steinberg et al, 1989; Salonen et al, 1992). Ao mesmo tempo, os danos causados pelos raios livres nas células que revestem os vasos sanguíneos (células endoteliais) reduzem a sua capacidade de reagir rápida e eficazmente para manter um fluxo sanguíneo adequado para os órgãos vitais. As consequências destes problemas são o aumento dos golpes de calor, a insuficiência renal e a hipertensão arterial (pressão alta), para citar alguns dos resultados mais perigosos.

Os radicais livres promovem igualmente uma complexação prejudicial das proteínas e dos hidratos de carbono, denominada glicosilação. Este processo é muito acelerado na diabetes e parece também contribuir para a formação de cataratas, danos nas artérias, redução do movimento das articulações e outros problemas crónicos (Romero et al, 1998). Os factores ambientais podem aumentar o risco de geração de radicais livres (Witkop, 1985). O tabagismo e a exposição a poluentes tóxicos no ambiente causam danos semelhantes ao gerar radicais livres. A luz ultravioleta é particularmente capaz de estimular a geração de radicais livres na pele, levando a rugas prematuras e perda de textura, bem como a um risco acrescido de cancro da pele (Malhotra e Pushpadevi, 2005).

O testículo e os espermatozóides são ricos em ácidos gordos polinsaturados (PUFA). Esta é a razão pela qual eles são susceptíveis a danos oxidativos (Dandekar et al, 2002). Os danos causados pelos radicais livres nos espermatozóides levam à perda de motilidade dos espermatozóides, diminuição da contagem de espermatozóides e infertilidade (Hull et al, 1985; Anderson, 1990).

**B) Espécies reactivas de oxigénio (ROS) e stress oxidativo:**

O oxigénio é um dos gases mais importantes presentes na atmosfera, que sustenta a vida aeróbica e é essencial para o metabolismo energético e a respiração, mas tem sido implicado em muitas doenças e condições degenerativas (Marx, 1985). A forma reduzida do oxigénio é o radical livre (Halliwell, 1989). O oxigénio qualifica-se como um radical livre porque possui electrões não emparelhados. Os radicais livres são extremamente reactivos; tentam adquirir um eletrão de todas as formas possíveis. São designados por espécies reactivas de oxigénio. Estas espécies reactivas de oxigénio são o radical superóxido (O.-), os radicais hidroxilo (OH.) e outros derivados do oxigénio que não possuem electrões não emparelhados, como o H2O2, o oxigénio singlete, o ácido hipocloroso (HOCL) e o peroxinitrito (ONOO") (Hemnani e Parihar, 1998). No final do metabolismo normal e dos xenobióticos, as ERO são formadas como subprodutos (Parihar et al, 1997; Stohs e Bagchi, 1995; Winston e Digiulio, 1991), bem como durante a exposição a poluentes e radiações a altas temperaturas

(Parihar e Dubey, 1995; Parihar et al, 1996; Sen, 1995; Witkop, 1985). Os ERO são gerados a partir da fuga de electrões para o oxigénio das cadeias de transporte de electrões mitocondriais, do citocromo P-450 microssomal e da sua enzima doadora de electrões e de outros sistemas (Beal, 1997; Fridovich, 1989; Hansford et al, 1997).

Forma-se oxigénio singlete, que é mais reativo em relação às moléculas orgânicas, quando o oxigénio atmosférico é ativado pela absorção de energia, como a luz UV.

$$O_2 + Energy \longrightarrow O_2$$

Singlet oxygen.

Como contém 2 electrões não emparelhados, não pode ser chamado de radical livre. Este radical singleto está envolvido na reação de geração de radicais livres, que são as seguintes:-

$$O_2 + e \longrightarrow O_2$$

Superoxide radical anion

$$O_2 + 2e^- + 2H^+ \longrightarrow H_2O_2$$

Hydrogen peroxide

Uma vez que o radial superóxido e o peróxido de hidrogénio reagem em conjunto para produzir água, neste processo é gerado um radical hidroxilo altamente reativo, como se segue

$$O_2 + H_2O_2 + 4H^+ \longrightarrow O_2 + H_2O + OH$$

Hydroxyl radical

A reação de Fenton pode ser aumentada pela redução de $Fe^{3+}$ por O2.-, regenerando $Fe^{2+}$. O resultado líquido é a produção de OH'. Tal como na reação do tipo Haber-Weiss catalisada pelo ferro (Grisham e McCord, 1986).

$$H_2O_2 + Fe^{2+} \longrightarrow OH + OH + Fe^{3+}$$

$$Fe^{3+} + O_2 \longrightarrow F^{2+} + O_2$$

$$O_2 + H_2O_2 \longrightarrow O_2 + H\ OH$$

O OH é a forma mais reactiva do radical de oxigénio. Não existe nenhum sistema enzimático que o utilize como substrato (Southern e Powis, 1998). Os locais de geração de radicais livres nas células incluem as mitocôndrias, os lisossomas, os peroxissomas, o núcleo, o retículo endoplasmático e a membrana plasmática.

**C) Determinantes celulares e moleculares do envelhecimento:**

A mortalidade do organismo está frequentemente associada a uma instabilidade progressiva do genoma na sequência de vários factores físicos, químicos e biológicos que o desafiam continuamente Vários tipos de ADN danificado, incluindo mutações, epimutações, quebras de cadeia, danos oxidativos, ligações cruzadas e aductos, acumulam-se durante o envelhecimento (Rattan, 1989). Os genomas mitocondriais e nucleares são susceptíveis a esses danos (Linnane et al, 1992; Wallace, Geralmente, não há declínio relacionado com a idade na capacidade global das células para reparar o ADN danificado durante o envelhecimento (Rattan 1989). No entanto, existem algumas evidências que estabelecem uma correlação positiva entre o tempo de vida e a sua capacidade de reparação dos danos induzidos pelos raios ultravioleta (Hart e Setlow, 1974). A capacidade das células para metabolizar os carcinogéneos, a atividade da metil-transferase na remoção do grupo metilo da 5-metilguanina danificada, está envolvida na reparação do ADN (Rattan, 1989).

No entanto, a capacidade de reparação do ADN que tem sido estudada até agora dá apenas uma visão geral do que pode estar a acontecer no genoma como um todo, independentemente do facto de apenas uma pequena proporção do ADN genómico estar realmente ativo e expresso em qualquer tipo de célula. Por conseguinte, a instabilidade genómica é um importante fator determinante do envelhecimento (Rattan, 1996).

Uma das alterações bioquímicas mais comuns durante o envelhecimento é um declínio na taxa de síntese proteica em massa (Van Remmen et al, 1995). Uma vez que a síntese proteica tem um impacto global em todos os processos, como os processos metabólicos básicos, a síntese macromolecular, a interação célula-célula e o funcionamento global dos tecidos, órgãos e sistemas. Assim, a síntese proteica ocupa uma posição central na formação da base bioquímica do envelhecimento (Rattan, 1996). A síntese proteica é altamente complexa nos eucariotas, envolvendo muitos componentes que devem funcionar de forma eficaz e precisa para traduzir uma molécula de ARNm. A alteração bioquímica mais comum durante o envelhecimento é um declínio na taxa de síntese proteica em massa (Van Remmen et al, 199S; Richardson e Semsei, 1987; Zs-Nagy, 1987). A fosforilação e a desfosforilação dos resíduos de serina, treonina e tirosina das proteínas são consideradas reguladores importantes da atividade proteica durante a divisão celular, a transdução de sinais, o crescimento, o desenvolvimento, a diferenciação e o envelhecimento. A degradação das proteínas é outro evento pós-traducional que tem sido implicado na regulação da atividade enzimática, na acumulação de moléculas anormais em células velhas e em várias outras caraterísticas celulares durante o envelhecimento. Estudos sobre a degradação de proteínas em massa durante o envelhecimento indicam um declínio significativo na degradação de proteínas relacionado com a idade (Rattan, 1996).

A alteração da capacidade de resposta celular é um dos aspectos críticos da falha da homeostase durante o envelhecimento. Tem sido amplamente aceite que os efeitos mitogénicos e estimulantes do crescimento dos factores de crescimento, das hormonas e de outros agentes são significativamente reduzidos durante o envelhecimento. Em contrapartida, a sensibilidade das células envelhecidas a agentes tóxicos, incluindo antibióticos, irradiação e outros indutores de radicais livres, aumenta (Rattan, 1996). As razões para as alterações relacionadas com a idade na capacidade de resposta das células não se devem a uma perda de receptores de superfície celular, mas sim a vias defeituosas de transdução de sinais, por exemplo, a capacidade dos complexos de receptores de esteróides para se ligarem a locais receptores nucleares é prejudicada, o que altera a mobilização de cálcio durante o envelhecimento.

Por conseguinte, uma vez que a integridade do ADN, do ARN e dos mecanismos de síntese de proteínas permanece intacta, juntamente com a estabilidade estrutural e funcional do sistema recetor, as razões para a alteração da capacidade de resposta e a falha da homeostase durante o envelhecimento podem residir principalmente em defeitos metabólicos nas vias de síntese macromolecular.

O termo gerontogénese designa uma propriedade funcional emergente de um certo número de genes que podem influenciar o envelhecimento. Para este efeito, foi sugerido o termo gerontogénios virtuais (Rattan, 1995). Para os gerontogénios, poder-se-ia restringir a possibilidade a conjuntos de genes envolvidos na manutenção e reparação dos componentes celulares e subcelulares como principais candidatos. Isto porque quase todas as teorias do envelhecimento implicam, direta ou indiretamente, que a falha progressiva do mecanismo homeostático é crucial para o processo de envelhecimento. As teorias que enfatizam a acumulação de mutações somáticas, a acumulação de danos oxidativos nas macromoléculas, a acumulação de proteínas anormais e defeituosas, a deficiência do sistema imunitário e várias outras hipóteses semelhantes apontam a falha de manutenção a todos os níveis das organizações como um determinante crucial do envelhecimento e do tempo de vida (Holliday, 1995 & Kanungo, 1994).

**D) Alterações hormonais no envelhecimento:**

Parte do processo de envelhecimento que afecta a composição corporal (perda de tamanho muscular, força, massa óssea e aumento da massa gorda) está relacionada com alguns acontecimentos importantes na função endócrina do corpo, nomeadamente a menopausa, a andropausa, a adrenopausa e a somatopausa. Nas mulheres, acredita-se que a génese da menopausa reside no esgotamento dos folículos ováricos, mas existe um ponto alternativo que indica que as alterações relacionadas com a idade na unidade hipotálamo-hipófise podem, de facto, ser a causa da menopausa (Wise et alt 1996).

O nível de dehidroepiandrosterona (DHEA) e de sulfato de dehidroepiandrostrona (DHEAS), segregados a partir do córtex suprarrenal, diminui em ambos os sexos, tanto no homem como nos animais. No entanto, a secreção de ACTH da hipófise e de cortisol das supra-renais mantém-se normal (Ravaglia et al, 1996; Herbert, 1995). Este estado de carência de DHEA/S é designado por adrenopausa e resulta de uma falha do córtex suprarrenal e não da unidade central hipotálamo-hipófise (Herbert, 1995). É possível que a adrenopausa seja uma das causas da saúde frágil e do declínio da funcionalidade na velhice.

Observa-se uma diminuição gradual da secreção da hormona do crescimento com o aumento da idade. Paralelamente, verifica-se uma queda na circulação do fator de crescimento semelhante à insulina (IGF)-I, uma redução da massa corporal magra, um aumento da gordura corporal e um aumento do colesterol de lipoproteínas de baixa densidade (LDL). O correlato clínico destas alterações inclui obesidade, falha progressiva das funções corporais, falta de força física e de mobilidade. Este estado foi designado por somatopausa (Rudman, 1985). A importância da hormona do crescimento na manutenção da saúde e da vitalidade com o avançar da idade é agora mais ou menos aceite (Rudman, 1985).

Ao contrário da menopausa nas mulheres, um declínio gradual do nível de testosterona indica o envelhecimento masculino (Vermeulen, 1991). Este declínio resulta de uma diminuição do número de células de Leydig no testículo e da sua capacidade de secreção, bem como de uma diminuição da secreção episódica e estimulada de gonadotropinas (Herman e Tsitourus, 1980; Herman et al, 1982). O mecanismo pode ser, mais uma vez, uma falha testicular ou alterações relacionadas com a idade na unidade hipotálamo-hipófise.

**E) Mecanismo de defesa antioxidante:**

O sistema de defesa antioxidante do organismo possui um sistema de defesa natural para combater as espécies reactivas de oxigénio (McCord, 1987; Bendich, 1985). Os radicais superóxidos são eliminados pela superóxido dismutase (Forman e Kennedy, 1976).

$$O_2^- + O_2^- + 2H^+ \longrightarrow H_2O_2 + O_2$$

O H2O2 é menos tóxico e é eliminado pela catalase (Chance et al, 1979) ou pela glutationa peroxidase (DeMarchena et al, 1974)

$$2H_2O_2 \longrightarrow 2H_2O + O_2$$

Os radicais livres não eliminados ou a sua produção descontrolada exercem efeitos citotóxicos sobre as células e são considerados os mediadores da etiologia de condições patológicas como o enfarte do miocárdio, a artrite reumatoide, as doenças cardiovasculares, as doenças neurodegenerativas, o cancro, etc. (Beal, 1995; Halliwell, 1994; Usmar et al, 1995; Weiseman e Halliwell, 1995,1996).

A lesão iminente dos radicais livres numa célula é a lesão da membrana associada à peroxidação lipídica (Tappet, 1980; Donato e Sohal, 1981; Schroeder, 1984; Lee et al, 1997). A peroxidação dos lípidos nas membranas biológicas, principalmente na membrana mitocondrial e nos lisossomas, provoca uma perturbação do funcionamento das membranas, uma diminuição da fluidez, a inativação de receptores e enzimas ligados às membranas e um aumento da permeabilidade inespecífica aos iões. O produto mais conhecido da peroxidação lipídica é o malondialdeído (MDA) (Aitken et al, 1993; Jones et al, 1979; Esterbauer et al, 1988; Esterbauer et al, 1990; Reichter, 1987; Machlin e Bendich, 1987). A peroxidação excessiva dos lípidos das membranas tem sido associada a uma deficiência lisossomal que conduz à ineficiência e instabilidade dos lisossomas (Nakamura et al, 1989) e à acumulação de grânulos de lipofuscina nas células (Tappel, 1975; Patro et al, 1988). Nas células pós-mitóticas, a taxa de acumulação de pigmentos de idade (lipofuscina) aumenta (Ivy et al, 1984; Patro e Patro, 1992). A lipofuscina é um material autofluorescente que se acumula progressivamente com a idade nos lisossomas secundários e danifica a membrana lisossomal e as enzimas. Os lisossomas sobrecarregados com lipofuscina podem ser incapazes de lidar com o material peroxidado formado durante o stress oxidativo, o que aumentaria a peroxidação lipídica, como o MDA, e as funções celulares críticas, incluindo as mitocôndrias (Brunk et al, 1992).

A lipofuscina pode inicialmente proporcionar uma defesa antioxidante secundária como eliminação segura de compostos peroxidados, mas quando a carga celular total deste material excede um determinado limiar, estes compostos podem interferir com funções celulares essenciais e com a homeostasia.

### F) Espécies reactivas de oxigénio e peroxidação lipídica:

O efeito do envelhecimento nos órgãos reprodutores dos mamíferos tem sido analisado principalmente no testículo e no epidídimo (Bustos-Obergon e Esponda, 2004). O envelhecimento afecta seriamente a reprodução no homem e provoca alterações inovadoras no testículo. Não existe uma idade definida para o início da involução testicular e o aparecimento e a gravidade das lesões testiculares estão sujeitos a variações individuais acentuadas. O tamanho do testículo, a qualidade do esperma e o número de tipos de células germinativas, células de Sertoli e células de Leydig diminuem com a idade (Paniagua et al, 198S).

Alguns investigadores demonstraram reduções relacionadas com a idade na capacidade do testículo do rato castanho da Noruega para produzir testosterona (Zirkin et al, obviamente devido à redução das células de Leydig com a idade. A capacidade das células de Leydig jovens para produzir testosterona era, de facto, superior à das células antigas (Zirkin e Chen, 2000).

Os espermatozóides de mamíferos são ricos em ácidos gordos polinsaturados, que são propensos a serem atacados por radicais livres e iões de peróxido de lípidos de membrana (Sanocka e Kurpisz, 2004). As membranas dos espermatozóides têm uma composição lipídica muito distinta: plasmalogénios altamente insaturados que podem contribuir para a formação de regiões ou domínios de membrana não difusíveis, capazes de regionalizar tanto lípidos como proteínas (Martinez e Morros, 1996). A composição lipídica da membrana plasmática dos espermatozóides de mamíferos é marcadamente diferente da das células somáticas de mamíferos (Alvarez e Story, 199S; Mack et al, 1986). De acordo com Alvarez e Storey (199S) e Mack et al (1986) os principais fosfolípidos na membrana dos espermatozóides são os seguintes

Os espermatozóides de mamíferos sofrem mudanças importantes durante a sua passagem pelo epidídimo que afectam a sua composição lipídica. Durante a maturação epididimária há uma diminuição nos lípidos do esperma, a composição final dos fosfolípidos foi relatada em esperma de javali, rato, touro e carneiro (Nikolopoulou et al, 198S; Rana et al, 1991; Aveldano et al, 1992) e em humanos (Poulos e White, 1973). Um dos componentes importantes da membrana plasmática do esperma é a esfingomielina, que mostra o nível máximo de ácidos gordos saturados (80 - 97 %) no esperma de cabra e javali (Nikolopoulou et al, 1985; Rana et al, 1991). Plasmalogens (lípidos ligados ao éter) é um componente principal de fosfolípidos no epidídimo cauda e um aumento de 2 vezes da razão molar colesterol/fosfolípidos é observado durante a migração de esperma dos túbulos seminíferos (Aveldano et al, 1992). O docosahexanóico (DHA) encontra-se nas membranas plasmáticas dos espermatozóides de mamíferos, em grande quantidade como ácidos gordos polinsaturados, desempenhando um papel importante na regulação da fluidez das membranas dos espermatozóides e na regulação da espermatogénese (Haidl e Opper, 1997; Hall et al, 1991;011ero et al, 2000). O conteúdo de DHA na membrana do esperma diminui à medida que a maturação progride (Ollero et al, 2000). A fosfatidil serina também é encontrada na região acrossomal, mas nunca na área equatorial (Kotwicka etal; 2002).

Outros fosfolípidos, a esfingomielina no esperma, influenciam a taxa de capacitação ao abrandar a perda de esteróis e a esfingomielinase exógena acelera a capacitação promovendo a perda de esteróis e gerando ceramida (Cross, 2000).

Os componentes lipídicos da membrana dos espermatozóides, especialmente os fosfolípidos, estão envolvidos na regulação da maturação dos espermatozóides, da espermatogénese, da capacitação, da reação de acrossoma e, por fim, da fusão das membranas. Mas, obviamente, a membrana do esperma é propensa à peroxidação lipídica (Sikka, 1996) (propensa ao ataque de radicais livres ou ataque de ROS) que pode perturbar as funções do esperma acima mencionadas (de Lamirande e Gagnon, 199S). A peroxidação lipídica é estudada em espermatozóides de mamíferos, onde foi relatada a produção de Malondialdeído (MDA), um produto final da peroxidação lipídica induzida por promotores de iões ferrosos (Darley-usmar el al, 1995). A formação de MDA pode ser avaliada pela reação do ácido tiobarbitúrico (TBA), que é um instrumento de diagnóstico simples e útil para a medição da LPO em sistemas in vitro e in vivo.

Os ERO mais comuns que têm implicações potenciais na biologia reprodutiva incluem o anião supeóxido (O2), o anião peróxido de hidrogénio (H2O2), os radicais peroxilo (ROO⁻ ), o radical hidroxilo (OH) muito reativo e o radical livre derivado do azoto, o óxido nítrico (NO) e o anião peroxinitrito (ONOO), que também parecem desempenhar um papel importante na reprodução e na fertilização (Sikka, 1996). A presença de leucócitos no sémen tem sido associada a casos graves de infertilidade masculina (Atken et al, 1992; Wolff e Anderson, 1988). Houve uma série de especulações sobre a origem das ERO no testículo, quer dos espermatozóides quer dos leucócitos infiltrados (Kessopoulou et al, 1992; Krausz et al, 1992). A presença de leucócitos no sémen não diminuiu a capacidade de fertilização dos espermatozóides devido à capacidade de eliminação de ROS do sémen, que pode evitar danos nos espermatozóides causados pelos leucócitos (Aitken et al, 1995). A geração de ROS é aumentada devido ao desequilíbrio entre as suas actividades de formação e de eliminação. O potencial de eliminação nas gónadas e no líquido seminal é normalmente mantido por níveis adequados de antioxidantes como a superóxido dismutase (SOD), a catalase e provavelmente a glutationa peroxidase e redutase (Sikka et al, 1995).

Este equilíbrio pode ser referido como estado de stress oxidativo e a sua avaliação pode desempenhar um papel crítico na monitorização de danos nos espermatozóides e infertilidade.

**G) Antioxidantes e envelhecimento:-**

Com o progresso do envelhecimento, uma variedade de doenças relacionadas com a idade pode perseguir a nossa saúde. Para minimizar os seus riscos, só há duas respostas - bons genes e uma vida saudável. Ninguém pode controlar os primeiros, mas é possível afetar os segundos, através de uma alimentação nutritiva, incluindo uma grande quantidade de frutas, legumes e suplementos ricos em antioxidantes (Borek, 1995). Os antioxidantes são os agentes que desactivam as moléculas destruidoras chamadas radicais livres (Water house,1995) produzidas no corpo por várias exposições ambientais, como a poluição, o fumo do tabaco, a luz ultravioleta do sol e a radiação (Borek, 1993).

Com o avançar da idade, o sistema de defesa natural das enzimas antioxidantes, como a superóxido dismutase, a catalase e a glutationa peroxidase, começa a diminuir. Uma razão importante para este facto é o stress oxidativo (Tsay et al, 2000). Para ultrapassar a crescente formação de radicais livres nas células, torna-se necessário complementar a dieta com antioxidantes ricos em plantas comestíveis como a cebola, a beterraba, a couve, a alface, a salsa, etc. (Hermann, 1976). Muitas plantas da Ayurveda, como a Brahmi, a Ashwagandha, etc., demonstraram conter propriedades antioxidantes (Tripathi et al, 1996). Os antioxidantes talvez não consigam reverter os danos causados pelos radicais livres, mas retardam definitivamente a sua progressão. Foi sugerido que os antioxidantes podem ajudar a proteger contra certas doenças, incluindo vários tipos de cancro, doenças cardiovasculares (Genkinger et al, 2004), diabetes e outras.

Segue-se uma visão geral de alguns potentes antioxidantes:

### 1. Ácido ascórbico (Vitamina C)

É uma vitamina importante na dieta humana e é abundante nos tecidos vegetais. O ácido ascórbico demonstrou ter um papel essencial em vários processos fisiológicos nas plantas, como o crescimento, a diferenciação e o metabolismo (Foyer, 1993). O ácido ascórbico funciona como um redutor de muitos radicais livres, minimizando assim os danos causados pelo stress oxidativo. Estudos epidemiológicos mostram que uma dieta rica em vitamina C reduz substancialmente o risco da maioria dos cancros e reduz o risco de cancro do estômago até cinquenta por cento (Block etal, 1992). Inibe igualmente a produção de nitrosaminas cancerígenas, substâncias químicas derivadas dos nitritos utilizados para proteger contra as radiações e a carcinogénese química (Block, 1991). A vitamina C também neutraliza os radicais livres que oxidam o colesterol LDL, prevenindo assim os danos nas paredes das artérias que participam na aterosclerose. Num inquérito a nível nacional, os homens que tomaram suplementos vitamínicos ou consumiram mais de 50 mg de vitamina C a partir de alimentos reduziram a mortalidade por doença cardíaca (Enstrom et al, 1992). A vitamina C encontra-se em abundância nas frutas e vegetais, especialmente nos citrinos, bagas, tomates, vegetais de folha e na família das couves.

### 2. Vitamina E

A vitamina E é muito importante na investigação em mamíferos como estabilizador das membranas e antioxidante multifacetado, que elimina os radicais livres de oxigénio, os radicais peróxidos dos lípidos e o oxigénio singlete (Diplock et al, 1989). É lipossolúvel, pelo que actua nas membranas celulares e noutros tecidos que contêm gordura. A vitamina apresenta-se em oito formas diferentes, sendo o alfa-tocoferol a principal defesa contra a oxidação dos lípidos. O alfa-tocoferol aparece em grande quantidade nos tecidos vegetais devido à sua importância alimentar (Hess, 1993). Um estudo realizado com 2002 homens na Universidade de Cambridge, em Inglaterra, revelou que aqueles que já sofriam de doenças cardíacas e tomavam 400 a 800 UI/dia de suplementos de vitamina E reduziam em 77% o risco de ataques cardíacos não fatais (Stephens e Parsons, 1996). A toma de suplementos de vitamina E reduz o risco de cancro do cólon e de cancro da próstata em 34% (Albanes et al, 1996). Inversamente, o consumo insuficiente de vitamina E está associado a um risco acrescido de cancro do pulmão, do cólon, do estômago, da mama e do colo do útero. As fontes mais ricas de vitamina E são os óleos, os frutos secos e os cereais, todos eles ricos em gorduras.

### 3. Minerais

O corpo pode preparar vitaminas, mas não minerais, que são todos antioxidantes. Em particular, o selénio, o zinco, o cobre, o manganês e o ferro são componentes de enzimas antioxidantes.

O selénio, o mais estudado dos minerais, é fornecido às células, aumenta os seus níveis de enzimas antioxidantes e previne os danos causados pela radiação e pelos carcinogéneos químicos (Borek, 1993). Estudos demonstraram que os idosos que tomaram suplementos diários de 200 mg de selénio reduziram a ocorrência de cancro em geral em 42% e reduziram significativamente a ocorrência de cancro do pulmão, da próstata e do cólon. O selénio encontra-se naturalmente em muitas plantas, nomeadamente no alho, nos espargos e nos cereais, mas o seu teor depende do conteúdo regional do solo.

O ácido alfa-lipóico também está incluído no ácido tióctico. Foi utilizado principalmente para tratar as lesões nervosas que surgem com a diabetes. Atualmente, é aceite como o principal antioxidante e eliminador de radicais hidroxilo e de radicais de oxigénio simples, servindo também para eliminar radicais peróxidos e outros radicais, bem como para regenerar a vitamina E e C (Waterhouse, 1995).

A fosfatidil serina é um antioxidante que é um nutriente para o cérebro. Encontra-se na membrana celular. As membranas das células nervosas são ricas em fosfatidil serina. Contém 10 a 20 % do conteúdo total de fosfolípidos no cérebro dos mamíferos (Zanotti et al, 1987), onde actua como interrutor principal da bicamada da membrana (Kidd, 1995). A atividade dos receptores da membrana celular, incluindo um recetor para o fator de crescimento nervoso (NGF), é também reforçada pela fosfatidil serina (Kidd, 1992). Uma diminuição do teor de fosfatidil serina dos neurónios cerebrais pode contribuir para estas alterações relacionadas com a idade (Crook et al, 1991). Em estudos com animais, a fosfatidil serina melhorou vários parâmetros bioquímicos da função cerebral, como a produção de acetilcolina e a síntese de dopamina (Kidd, 1995). Estes resultados conduzem à utilização da fosfatidil serina como nutriente anti-envelhecimento para o cérebro. Este antioxidante também está presente nos testículos e epidídimos em grande quantidade, uma vez que estes contêm um elevado teor de fosfolípidos.

### 4. Antioxidantes vegetais

Um certo número de substâncias químicas presentes nas plantas são fitoquímicos. Protegem contra os danos causados pelos radicais livres e a oxidação do colesterol LDL. O grupo fitoquímico mais estudado inclui os carotenóides e os flavonóides. Os flavonóides são os sequestradores dos aniões superóxidos (Robak e Gryglewski, 1988). Segue-se um resumo dos principais atributos de alguns antioxidantes vegetais.

### i.    Carotenóides

Um dos fitoquímicos mais potentes é solúvel em gordura e está localizado nos plastídeos dos tecidos vegetais fotossintéticos e não fotossintéticos. Os carotenóides são abundantes nos frutos e legumes amarelos, cor de laranja, vermelhos e verdes. Os carotenóides exercem uma atividade antioxidante muito superior à da vitamina A. Em termos das suas propriedades antioxidantes, os carotenóides podem proteger os fitossistemas de quatro formas: reagindo com os produtos da peroxidação lipídica para terminar as reacções em cadeia (Burton e Ingold, 1984), eliminando o oxigénio singlete e dissipando a energia sob a forma de calor; reagindo com a molécula de clorofila triplete ou excitada para evitar a formação de oxigénio singlete ou dissipando o excesso de energia de excitação através do ciclo das xantofilas. O B-caroteno é útil na proteção contra as doenças cardíacas e a greve (Jialal e Grundy; 1992). O risco de cancro em muitos locais pode ser minimizado pela ingestão de frutos e vegetais ricos em beta-caroteno.

### ii.    Flavonóides

Esta grande família é o maior grupo de fitoquímicos antioxidantes. Os flavonóides formam as cores solúveis em água dos legumes, frutos, grãos, sementes, folhas e cascas. Os legumes que contêm glicosídeos de flavonol são a cebola, a alface, a couve, o rabanete vermelho, a couve roxa, a batata, a beterraba, a salsa, o alho, etc. (Hermann, 1976). Vários componentes dos glicosídeos de flavonol são o kaempherol, a quercetina, a rutina, a antocianidina, etc. Os antioxidantes presentes nos legumes, especialmente nos espinafres, podem ser benéficos para retardar os défices do sistema nervoso central e do comportamento cognitivo relacionados com a idade (Mercola, 2003). Yaudim et al (2004) sugeriram que os antioxidantes dietéticos, em particular os frutos e os legumes, podem reduzir ou inverter os défices cerebrais relacionados com a idade. Muitas actividades farmacológicas dos flavonóides foram demonstradas como efeito poupador da vitamina C, anti-inflamatório (Gabor, 1972), anti-mutagénico, anti-asmático, anti-microbiano, anti-alérgico e anti-neoplásico (Cutting et al, 1949; 19S3). As reactividades potenciais com espécies activas de oxigénio são caraterísticas proeminentes dos flavonóides (Rice-Evans et al, 1995).

### iii.    Plantas ayurvédicas

Estes também estão a mostrar a sua importância com propriedades antioxidantes. Alguns deles são Withania so run if era (Aphale et al, 1998 Ziauddin et al,1992), Asparagus rosemosus , Evolvulus alsinoides, Emblica officinalis, Bacopa monniera (Singh e Dhawan, 1982; Tripathi et al, 1996), Lactuca sativa, Petroselinum crispum (Kreuzaler e Hahlbroak, 1973)etc.

BR 16 A é uma preparação à base de plantas que se afirma ser eficaz para melhorar a aprendizagem e os distúrbios comportamentais em crianças com atraso mental, preparada por uma combinação de B. monniera, Centella asiatica,

Withania somnifera, Nardostachys jatamanshi, Evolvulus alsinoides, etc. (Mehta, 1991; Sheth et al, 1991; Chourasia ct al, 2000) e exercer efeitos benéficos em caso de défice cerebral (Bai e Sastry, 1991). O CIHP-III é também uma preparação composta de ervas que demonstrou melhorar a aquisição e a retenção da aprendizagem em ratos (Bhardwaj e Shrivastava, (1995). Mostrou-se também eficaz na neurose de ansiedade, depressão, défice cognitivo, perturbações comportamentais e enurese nocturna (Bhattacharya, 1994; Mehta, 1991).

O Ginkgo biloba é conhecido pela sua atividade anti-demência na Alemanha e em França (Itil et al, 1996). Kanowski et al, 1996, estudaram a eficácia na demência senil degenerativa primária de tipo Alzheimer e na demência multi-infarto. Segundo LeBars et al (1997). O Ginkgo é seguro e capaz de estabilizar e melhorar o desempenho cognitivo. Petkov et al (1993) estudaram o efeito do Ginkgo na aprendizagem e na memória. Heo (2001) estudou a planta chinesa Panax ginseng para uma investigação terapêutica pormenorizada. Liu (1996) estudou os efeitos antienvelhecimento e nootrópicos do ginsenosídeo Rgl na proteção contra os radicais livres.

1. **Escolha de plantas:-**
2. Petroselinum crispum **(Salsa)**

Uma das fontes mais ricas em glicosídeos de flavonol é o P. crispum (Kreuzaler e Hahlbraock, 1973). Pertence à família Umbelliferae e é originária da Europa e do Mediterrâneo Oriental. Planta bienal, não peluda e com múltiplas ramificações, requer um solo normal, bem trabalhado e húmido, com uma posição parcialmente sombreada. As sementes germinam muito lentamente. É cultivada principalmente para a folhagem na Califórnia, Alemanha, França, Bélgica e Hungria. É também muito utilizada como guarnição culinária há mais de 2000 anos.

A folha, a raiz e o fruto de P. crispum são utilizados há séculos. A composição principal das folhas de P. crispum contém óleos essenciais voláteis, incluindo 20% de miristicina, 18% de apiole e outros tcrpenos, ptalídeos de cumarinas, incluindo bergapten e amido (Hoffman, 1993), vitamina A, C, E, ferro, cálcio, fósforo e manganês (Mills, 1989). As folhas da salsa contêm várias percentagens de flavonas e glicosídeos de flavonol numa base de peso seco sob a forma de quercetina, apiina, luteolina e apigenina.

As folhas frescas de salsa são altamente nutritivas e consideradas como um suplemento natural de vitaminas e minerais. Os antigos utilizavam as folhas de salsa para tratar perturbações gastrointestinais, como flatulência, infecções renais, cálculos renais e cálculos biliares. Também era utilizada para estimular a menstruação, ou seja, como emenogogo (Hoffman, 1993). É um diurético natural (Wren, 1988). Contém uma grande quantidade de vitamina C por volume do que os citrinos. É suposto ser afrodisíaco (Hoffman, 1993), estimulante dos músculos uterinos (Mills, 1989), antimicrobiano, laxante, anti-sético e sedativo ligeiro (Wren, 1988). A salsa é considerada um estimulante do útero e deve ser evitada em doses elevadas até ao final da gravidez. Considera-se que os óleos essenciais das folhas de salsa e a miristicina actuam como quimioprotectores, inibindo a formação de tumores (Pattison et al, 2004). Também demonstrou ser muito eficaz na cura da osteoartrite e da artrite reumatoide (Pattison et al, 2004). Embora a salsa tenha uma grande quantidade de propriedades antioxidantes, tem sido utilizada para tratar muitas doenças do trato gastrointestinal, doenças esqueléticas, mas o seu efeito nos órgãos reprodutores como o testículo e o epidídimo não é conhecido.

3. Lactuca sativa

A L. sativa é uma planta anual de estação fria com seiva leitosa e folhas glabras (sem pêlos) que crescem inicialmente numa roseta basal. Depois, numa cabeça solta ou bem enrolada e, eventualmente, ao longo de um caule ereto que suporta as flores. As flores, semelhantes às do dente-de-leão, são amarelas pálidas, com menos de 0,5 polegadas de diâmetro e nascem em grupos densos. A alface é uma planta composta, mas só tem flores de raio.

A L. sativa não é conhecida na natureza. O progenitor das muitas formas de alface de jardim foi a Lactuca serriola. Os europeus desenvolveram um grande número de alfaces de tipo romaine e de folhas soltas. Na China, as alfaces de caule são as mais populares, cultivadas e vendidas em todo o lado. Pensa-se que a L sativa tenha sido selecionada a partir da L. serriola selvagem e infestante que cresce em torno do Mediterrâneo e no Oriente próximo (Sauer, 1993).

A cultura da alface requer sol pleno a sombra parcial. Com o aumento da temperatura, a sombra torna-se mais importante. A rega regular é boa para o crescimento correto da alface. As folhas de L. saliva são utilizadas em saladas e sanduíches em vez de outras alfaces. A L. saliva é um excelente remédio para a indigestão ácida e a azia. A seiva amarga e leitosa do látex é um narcótico ligeiro e um indutor do sono, bem como um analgésico.

4. Bacopa monniera

Recentemente, foram efectuados estudos exaustivos sobre a B. monniera, que é uma fonte rica em propriedades antioxidantes (Singh e Lallan, 1980; Sharma et al, 1987; Shukla, 1987; Singh et al, 1988; Jain e Kulshretha, 1993; Rastogi et al, 1994; Tripathi et al, 1996; Vaidya, 1997, Kittani et al, 1988; Murayama e Nadi, 1999; Vohora et al, 2000; Staugh et al, 2002). A Bacopa monniera (Linn.) é uma planta rasteira perene (erva) da família Scrophulariaceae. Encontra-se em toda a Índia em zonas húmidas, molhadas e pantanosas. Tem sido utilizada como um potente tónico para os nervos, tendo sido encontrada uma referência no Charak-Samhita, escrito no século I$^{\text{fl}}$ d.C., onde a Brahmi é prescrita como uma cura para o atraso mental que conduz à psicose. A Bacopa contém uma variedade de outros flavonóides e aminoácidos (Bhattacharya et al, 2000), tendo também como ingredientes activos os Bacosides A e B (Chatterjee et al, 1965), reduz a fadiga mental, melhora a retenção da aprendizagem e aumenta a inteligência, a longevidade e a circulação no cérebro. A Brahmi actua como antioxidante e neutraliza os radicais livres no cérebro. Vários investigadores estudaram também exames químicos desta planta devido à sua importância no domínio da medicina (Bose e Bose, 1931; Basu e Pabrai, 1947; Sastry et al, 1959). O material vegetal foi extraído com álcool etílico e a fração solúvel em acetona foi utilizada para obter bacosídeos.

Das et al (2002) mostraram que os extractos de B. monniera e Ginkgo biloba possuem propriedades anticolinesterásicas e antidemenciais significativas, que podem ser úteis no tratamento da demência. Sumathy et al (2002) mostraram o papel protetor da B. monniera na atividade enzimática mitocondrial do cérebro induzida pela morfina. Siaram et al (2002) relataram um efeito antioxidante significativo, atividade ansiolítica e melhoria da retenção da memória na doença de Alzheimer.

Foram também realizados estudos sobre a B. monniera a nível internacional, nomeadamente em Itália. Russo et al (2003) mostraram o efeito do extrato de metanol de Bacopa monniera na clivagem do ADN induzida pela fotólise UV de $H_2O_2$. Roodenrys et al (2002) registaram o efeito da Brahmi na memória humana. A investigação sobre a B. monniera concentra-se apenas no cérebro, mas depois de consultar a literatura recente sobre a Bacopa, ninguém pensou no seu efeito nos órgãos reprodutores como o testículo, o epidídimo, etc.

No que diz respeito aos órgãos reprodutores, o efeito de B. monniera, L saliva e P. crispum não é conhecido. Assim, para estudar o efeito dos extractos destas plantas nos testículos e epidídimos no que diz respeito a muitos parâmetros como a contagem de espermatozóides, a estrutura histológica, o teor de fosfolípidos, a peroxidação lipídica, a peroxidação mitocondrial e a desidrogenase láctica separada electroforeticamente durante o envelhecimento, as plantas foram selecionadas para a presente investigação.

# CAPÍTULO 2

# MATERIAL E MÉTODOS

### A) Material

Para o presente estudo, foram utilizados ratos albinos machos Mus musculus. Os pares reprodutores foram obtidos junto da Hindustan Antibiotics, Pune, e mantidos no biotério em condições adequadas de luz (ciclo de 12 horas de luz e 12 horas de escuridão) e temperatura (cerca de 30°c). Foi-lhes fornecida ração Amrut Mice Feed (Pranav Agro Industries) e água potável ad libitum. Foram criados no biotério e foi mantido um registo da sua idade e peso corporal. **Preparação dos extractos de plantas**

Obtiveram-se folhas frescas de P. crlspum (salsa), L saliva (alface) e B. monniera (Brahmi), que foram lavadas com água destilada e cobertas com papel absorvente. Foram secas à sombra e esmagadas até obterem um pó fino. Os pós das três plantas foram embebidos em álcool destilado durante 72 horas, filtrados e evaporados num evaporador de vácuo (tipo Buchi). Os extractos foram obtidos sob a forma de pastas espessas. Foram recolhidos em garrafas de vidro e armazenados a $4^0$ c.

Foi utilizado um total de 120 ratos machos para o estudo. Os animais com seis meses de idade, pesando cerca de 50±2 gms, foram selecionados e agrupados da seguinte forma: **Grupo I:** O grupo de controlo recebeu 0,5 ml de água esterilizada por via subcutânea/dia durante 20 dias.

**Grupo II:** O grupo injetado com D-Galactose recebeu D-Galactose a 5% preparada em água estéril 0,5 ml por via subcutânea/dia durante 20 dias.

Verificámos um aumento significativo do nível de peroxidação lipídica após a injeção de D-Galactose durante 20 dias. Por isso, decidimos que a duração da injeção seria de 20 dias em vez de 58 dias, como descrito por Song e os seus colegas (1999). **Grupo III:** O grupo tratado com extrato de Petroselinum crispum recebeu a suspensão de extrato 40 mg/kg de peso corporal/dia em 5% de D-Galactose 0,5 ml/dia durante 20 dias. **Grupo IV:** O grupo tratado com extrato de Lactuca sativa recebeu a suspensão de extrato de Lactuca 40 mg / kg de peso corporal / dia na solução de D-Galactose 0,5 ml/dia durante 20 dias.

**Grupo V:** O grupo de ratinhos que recebeu o extrato de Bacopa monniera foi injetado com uma solução de extrato de Brahmi - 40 mg/ kg de peso corporal/dia em D-Galactose a 5% 0,5 ml/dia.

### B) Métodos

Após a conclusão da duração da dose, os animais foram sacrificados por deslocação cervical. O testículo e o epidídimo foram excisados e utilizados para estudos posteriores.

### a) Contagem de espermatozóides (Taylor et al, 1985)

A contagem de espermatozóides foi efectuada utilizando o hemocitómetro. O hemocitómetro é geralmente utilizado para a contagem de hemácias e de leucócitos. É fornecido com pipetas para a diluição das amostras de sangue e com uma lâmina de Neaubaur com um tipo especial de régua. A contagem é efectuada nos quadrados da lâmina.

O epidídimo foi retirado e colocado numa placa de Petri previamente arrefecida. Foram adicionados 2 ml de solução salina a 0,9% e o epidídimo foi gentilmente picado com a ajuda de uma lâmina afiada. Esta amostra foi utilizada para a contagem de espermatozóides. A amostra foi pipetada com a ajuda da pipeta fornecida no hemocitómetro. Uma lamínula limpa e seca foi mantida sobre a régua de Neaubaur. A régua foi carregada com a amostra, tocando com a ponta da pipeta na lâmina. A lâmina foi mantida numa bancada durante 2 minutos para permitir que os espermatozóides assentassem. Os espermatozóides foram contados em quatro quadrados no canto da régua, cobrindo uma área de 4 mm quadrados, sob uma objetiva de alta potência. Os espermatozóides com cabeça e cauda foram contados.

❖ Cálculo

$$\text{Total sperm count/ epididymis} = \frac{\text{Sperm count}}{4 \times 0.1} \times 1000$$

**b) Histologia**

Para estudar a estrutura histológica, o testículo e o epidídimo foram fixados em formalina neutra tamponada a 10% (NBF) durante 24 horas. Os tecidos foram lavados em água corrente da torneira durante 24 horas e desidratados através de graus de álcool, limpos em xileno e incluídos em cera de parafina. As secções de 5 p de espessura foram cortadas num micrótomo rotativo. Estas secções foram montadas em lâminas albuminadas e coradas de rotina com hematoxilina-eosina (HE).

**Técnica HE padrão**

- As lâminas foram desparafinizadas e hidratadas através de graus de álcool de 90% a 30% e, por último, água destilada.
- As lâminas foram coradas com hematoxilina durante 2 minutos.
- Foram lavadas em água corrente durante 5 minutos.
- As lâminas foram desidratadas através de graus de álcool e levadas a 70% de álcool
- As secções foram tratadas com eosina alcoólica (2% de eosina em álcool a 90%) durante 5 minutos, lavadas em álcool a 90% e desidratadas.
- Foram limpos em xileno e montados em D.P.X.

**c) Estimativa da peroxidação lipídica total e da peroxidação mitocondrial sob a forma de malondialdeído (MDA) n mol/mg de tecido (Wills, 1966).**

- Reagentes
- Tampão de fosfato de potássio 75 mM (pH 7,04),
- Ácido ascórbico ImM,
- FeCl. 1 mM,
- Ácido tricloroacético (TCA) 20%,
- Ácido tiobarbitúrico (TBA) 0,67% e
- Clorotetraciclina 10 ppm.
- Preparação da mistura de reação
- Tampão de fosfato de potássio 100 ml
- Ácido ascórbico 176 ml

- FeCl3 162 mg
- Clorotetraciclina 0,001 ml

**i)      Peroxidação lipídica total**

O testículo e o epidídimo foram pesados, devidamente descongelados e homogeneizados na mistura de reação (2 mg de tecido/ml de mistura de reação). As misturas homogeneizadas uniformemente foram utilizadas como amostras para a determinação de MDA.

**ii)      Peroxidação mitocondrial**

Os tecidos foram homogeneizados em sacarose 0,25 M e EDTA 1 mM. A centrifugação foi efectuada a 3000 rpm durante 10 minutos a 10°c. Os sobrenadantes foram novamente centrifugados a 10.000 rpm durante 10 min. a 10°C. Os sobrenadantes assim obtidos foram eliminados, os pellets foram ressuspendidos em 0,2 ml de Triton X-100 a 20% e 0,8 ml de água destilada e centrifugados a alta velocidade (10 000 rpm durante 10 min. a 10 °C). Os pellets obtidos após a centrifugação elevada foram suspensos na mistura de reação e utilizados como amostras para a estimativa da peroxidação mitocondrial.

As adições para a peroxidação total e mitocondrial foram efectuadas da seguinte forma

|                 | Sample    | Control |
| --------------- | --------- | ------- |
| Sample          | 0.2 ml    |         |
| Distilled water | 1.8 ml -  | 2 ml    |
| 20% TCA         | ' 1 ml    | 1 ml    |
| 0.67% TBA       | 2 ml      | 2 ml    |

Os tubos foram colocados num banho de água a ferver durante 10 minutos e arrefecidos. Após arrefecimento, as amostras foram lidas a 532 nm.

❖ Cálculos

$$X = \frac{Ex3x6}{0.156x0.2}$$

onde,

X = Quantidades de MDA no homogenato n mol/ mg de tecido

E = Valor da absorvância medido a 532 nm.

3 = Volume das amostras colhidas para a medição fotométrica, em ml.

0,156 = Absorvância de uma solução 1 n mol de MDA medida em 1 cm de espessura a 532 nm.

0,2 = Volume do líquido sobrenadante recolhido para a determinação do MDA, em ml.

**d)      Medição da fluorescência (Dillard e Tappel, 1971)**

O produto de fluorescência no testículo e no epidídimo foi medida pelo método descrito por Dillard e Tappel, 1971.

❖ Reagentes

Clorofórmio: Metanol (2:1. V/v),

lug Sulfato de quinino/ ml H2SO4 0,1 N

❖ **Procedimento**

Os tecidos foram homogeneizados na mistura de reação, tal como descrito anteriormente na peroxidação lipídica. 1 ml desta amostra foi misturado com 6 ml de clorofórmio: mistura de metanol (2:1 v/v). A mistura foi bem misturada no ciclomisturador a alta velocidade durante 1 min. Foram adicionados 6 ml de água destilada e centrifugados a 5000 rpm durante 2 min. Formaram-se duas camadas, das quais se retiraram 4 ml da camada superior de clorofórmio para um tubo de ensaio e se adicionaram 0,4 ml de metanol.

❖ Cálculo

$$\text{Fluorescence Product} = \frac{\text{Concentration of Reading for unknown-Reading for blank}}{\text{Reading for Standard-Reading for blank}} \times \text{Conc. of Std.}$$

onde,

concentração do padrão =0,1

e) **Eletroforese em gel de poliacrilamida (PAGE) da Lactato desidrogenase**
**i) Lactato desidrogenase (LDH)**

A interconversão do ácido lático e do ácido pirúvico é catalisada pela lactato desidrogenase, uma reação que está ligada ao metabolismo anaeróbico. Em condições anaeróbias, o ácido pirúvico é convertido em ácido lático com a formação de NAD a partir de NADH. O ácido lático não é mais metabolizado, mas deve ser reconvertido em ácido pirúvico noutro tecido em que haja O2 disponível.

A LDH (EC 1.1.1.27) é uma enzima polimérica, composta por quatro cadeias peptídicas de dois tipos de subunidades M e H. Cada uma delas está sob controlo genético separado. Assim, foram observadas cinco isozimas da LDH, que diferem no número de unidades H e M nas suas formas tetraméricas activas. O movimento electroforeticamente mais rápido é o da LDH-1, composto por quatro unidades H, o seguinte mais rápido é o da LDH-2, seguido do da LDH-3 ou H2M2, do da LDH-4 ou HM3 e do da LDH-5 ou M", a isozima mais lenta. As LDH M* e H" têm propriedades enzimáticas diferentes, devido à diferença de comportamento entre as formas H< e M<. O trabalho de base para este estudo foi apresentado por Brody e Engel (1964) e aperfeiçoado por Jacobson (1969).

Os tetrâmeros da LDH podem ser dissociados em monómeros por congelação em NaCl 1M. Ao descongelar, ocorre a reassociação dos tetrâmeros funcionais. Com base na alteração e na composição de aminoácidos, existem dois tipos de monómeros. A LDH-1 contém um tipo de monómero e a LDH-S, o outro tipo. A mistura de quantidades iguais destas duas isozimas, após dissociação e reassociação, leva à produção das cinco isozimas nas propriedades esperadas de 1:4 :6 :4:1.

❖ **Distribuição**

Foi estabelecido, através de uma variedade de técnicas, que cinco isozimas distintas ocorrem normalmente nos tecidos humanos e animais. A sua distribuição relativa varia consideravelmente, não só de tecido para tecido, mas também de espécie para espécie. No coração, nos eritrócitos e nos rins, predominam os isozimas de movimento rápido LDH-1 e LDH-2, enquanto que no fígado e no músculo esquelético os principais isozimas são a LDH-4 e a LDH-5. A LDH-3 parece ser a fração mais abundante em muitos outros tecidos, incluindo o baço, o pâncreas, a tiroide, as supra-renais e os gânglios linfáticos.

Vários investigadores relataram a ausência de LDH-S nos glóbulos vermelhos. No entanto, foi estabelecido que os eritrócitos perdem o seu complemento desta isoenzima durante o envelhecimento (Wilkinson, 1970).

Em todos os órgãos, a LDH é composta por cinco isozimas, exceto no testículo e no epidídimo. No testículo, estão presentes seis isozimas: LDH-1, LDH-2, LDH-3, LDH-4, LDH-5 e LDH-X. A LDH-X é a única isoenzima do testículo. Ocorre nos testículos maduros do homem, rato, ratinho, coelho, cão, guiné, carneiro, porco, touro e pombo (Blackshaw, 1973), bem como do morcego (Gutierrez et al, 1972). Os isozimas da LDH encontrados nas células somáticas são tetrâmeros de subunidades A e B, enquanto os isozimas específicos do testículo contêm a subunidade C (Blackshaw, 1973). Nas espécies acima mencionadas, a LDH-X é a isoenzima mais abundante nas células espermáticas. Encontra-se apenas em mamíferos eutherianos, quando o epitélio germinal está ativamente a gerar espermatozóides e está ausente durante a época não reprodutiva e nos testículos de juvenis.

### i) Eletroforese

O termo eletroforese é utilizado para descrever a migração de partículas carregadas sob a influência de um campo elétrico. Significa simplesmente o movimento de iões através de um meio. O aumento da temperatura no interior dos géis é mantido a um nível reduzido com a ajuda de um frigorífico e todo o procedimento é efectuado a uma tensão constante. Por este motivo, os componentes da amostra aceleram gradualmente durante a eletroforese.

O gel é formado pela polimerização de monómeros de acrilamida CH2 = CH-CO- NH2 em longas cadeias de poliacrilamida e pela ligação cruzada das cadeias através da inclusão de co-monómeros apropriados, geralmente N, N' metileno bis-acrilamida com um valor limite de aproximadamente 5% do total, o que dá um tamanho mínimo de poro. A polimerização do gel foi conseguida utilizando persulfato de amónio como catalisador. O TEMED (N, N, N\N' tetrametil etileno diamina) é utilizado como indicador. A PAGE é realizada em tubos de vidro cilíndricos denominados eletroforese em gel de disco (Ornstein, 1964; Davis, 1964; Andrew, 1981). Foram utilizados tubos com o mesmo comprimento (6 cm) e dimensão idêntica (5 mm) para que as condições de funcionamento fossem idênticas em todos os tubos. O aparelho utilizado foi do tipo AIMIL (n.º 1760).

❖ **Preparação do gel 5% PAG-**

Amida acrílica 4.75gm

Amida bis-acrílica 0,25 gm

TEMED 0,05 ml

Persulfato de amónio 0,01 gm

Preparado em 100 ml de tampão de gel de separação. Não foi utilizado gel de empilhamento.

❖ **Tampão de gel de separação (pH 7,5)**

Tris (hidroxi-metilo) 0,856 gm

HC1(1M) 6 ml
Dissolver em 100 ml de água duplamente destilada.
❖ Tampão da câmara de eléctrodos
**No ânodo**
Tampão Tris 0,25 M (pH 9,1)
Tris (hidroxi metil amino etano) 25,2 gm
EDTA (ácido etileno diamino tetra acético) 2,5 gm
Ácido bórico 1,9 gm
Água destilada 1000 ml
9,1 a 9,2 O pH foi verificado com um medidor de pH digital (Systronic, Ahmadabad).
No cátodo
Tampão Barbital (pH 8,6)
Dietilbarbiturato de sódio 5,15 gm
Ácido dietilbarbitúrico 0,92 gm
Água destilada 1000 ml
❖ **Preparação da amostra**
A homogeneização do testículo e do epidídimo foi efectuada utilizando um almofariz e um pilão de vidro. Os tecidos devidamente pesados foram esmagados em água destilada fria (25 mg/ml). Os homogenatos perfeitamente uniformes foram centrifugados a 5000 rpm durante 15 minutos a 10 c. Os sobrenadantes foram utilizados para a preparação do corante da amostra.
❖ **Amostra de corante**
1 ml de sobrenadante + SO mg de sacarose + 0,5 ml de glicerol + 0,001% de azul de bromofenol. Com a ajuda de uma micro-seringa, foram carregados 20 ml de corante para uma única barra de gel.
❖ **Alimentação eléctrica**
A tensão foi mantida constante a 150 V durante a operação de eletroforese e a corrente utilizada foi de 3 mA/haste de gel para evitar a difusão. O tempo de separação foi de cerca de 30 a 45 minutos. A eletroforese foi interrompida quando a frente do corante atingiu a ponta, deixando uma distância de 5 mm. A mobilidade foi do cátodo para o ânodo.
❖ **Coloração de gel para LDH**
*** Lactato 1 M tamponado (substrato)**
Diluiu-se 1 ml de lactato de sódio a 60% para 10 ml com tampão fosfato M/15, pH 7,5 (o tampão fosfato M/15 foi preparado adicionando 84,1 partes de Na2HPC>4 anidro e 15,9 partes de NaH2PO< a 1 litro de água destilada). *Nitroblue tetrazolium (NBT): 1 mg/ml de água destilada. Metossulfato de fenazina (PMS): 1 mg/ml de água destilada.
❖ Solução de trabalho
1 ml Substrato tamponado (lactato)
3 ml de NBT
0,14 ml de PMS
l ml de tampão LDH
10 mg de NAD$^+$
Os géis foram colocados em tubos de ensaio com a mistura de coloração e

incubados a 37°C durante 30 minutos. Os géis foram lavados em ácido acético a 10% e conservados em ácido acético a 7%. A fotografia dos géis foi feita para registar as observações.

### f) Separação dos fosfolípidos por cromatografia em camada fina (Skipski et aly 1962)

### i) Extração de lípidos (Bligh e Dyer, 1988)

A extração e a purificação dos lípidos foram efectuadas segundo o método descrito por Bligh e Dyer, que se revelou rápido, prático e reprodutível. Permite uma extração completa dos lípidos sem degradação.

Os animais foram decapitados e o testículo e o epidídimo foram retirados. Os tecidos foram homogeneizados em 20 volumes de clorofórmio-metanol (2:1 v/v) à temperatura ambiente. Os homogenatos foram deixados em repouso durante 4-6 horas a 4°c e depois filtrados através de um funil sinterizado para um recipiente de vidro. Os precipitados foram novamente homogeneizados numa mistura de 10 ml de clorofórmio e metanol e novamente filtrados. Ambos os filtrados foram reunidos e as misturas resultantes foram agitadas com 02 ml de água destilada em vidro. Os extractos foram deixados em repouso para separar as duas camadas distintas. A fase superior, que contém a parte não lipídica, foi removida e a camada inferior, que contém a parte lipídica, foi filtrada com sulfato de sódio para remover completamente os vestígios de água. Os filtrados foram em seguida evaporados sob vácuo a 40°c. As amostras lipídicas assim obtidas foram pesadas com exatidão e conservadas.

### ii) Cromatografia de camada fina de fosfolípidos

O procedimento básico de TLC de fosfolípidos introduziu a utilização de sílica gel-G e o sistema de solventes clorofórmio: metanol: água. Com as placas cromatográficas neutras, muitas vezes um dos componentes mais importantes dos fosfolípidos dos tecidos animais, a fosfatidilserina, não é separado. Nestas circunstâncias, a utilização de placas básicas foi recomendada por Skipski et al., 1962. A fim de evitar problemas com a fosfatidilserina, a separação dos fosfolípidos foi efectuada em placas neutras, utilizando sílica gel-H (cerca de 200 mesh sem aglutinante, BDH, Inglaterra), no presente estudo.

❖ **Preparação das placas**

20 g de sílica-gel H (cerca de 200 mesh sem aglutinante) foram macerados em 40 ml de água destilada. A pasta foi imediatamente transferida para o aplicador e aplicada nas placas (20 x 20 cm). A espessura do gel foi mantida em 025 mm. As placas foram secas ao ar e depois activadas a 100-150°c durante 60 minutos. Estas placas foram arrefecidas e conservadas nos exsicadores para utilização posterior.

❖ **Aplicação da amostra**

Os bordos das placas foram limpos do excesso de gel de sílica. Em cada placa cromatográfica, os lípidos extraídos dos tecidos e uma mistura de lípidos de referência de composição conhecida dissolvidos em clorofórmio foram aplicados com uma micro-seringa Hamilton (n.º 8203-B), a 2,5-3,0 cm do fundo das placas. A quantidade de composto padrão variou entre 5 e 25 *gg* e a do lípido total extraído dos tecidos foi de 200-500 gg.

❖ **Desenvolvimento de cromatogramas**

A câmara cromatográfica (comprimento 25 cm, altura 30 cm, largura 10 cm) foi preparada 20 minutos antes da inserção das placas. A câmara foi revestida internamente com papel Whatman no. 3 em três lados. Verteu-se na câmara a mistura do sistema de solventes clorofórmio: metanol: amoníaco (115:45:7,5 v/v). As placas foram reveladas nesta câmara. Verificou-se que todos os componentes dos fosfolípidos foram resolvidos por este sistema de solventes e que eram bastante distintos uns dos outros, sem "tailing".

❖ Deteção e identificação dos componentes

A deteção dos fosfolípidos nas placas secas foi efectuada através da exposição das placas aos vapores de iodo,

### iii) Análise quantitativa dos fosfolípidos

### ❖ Eluição dos fosfolípidos

Cada componente dos fosfolípidos foi identificado e raspado da placa. Este pó raspado foi eluído na mistura de eluição clorofórmio: metanol: ácido acético: água (100:50:10:4v/v). A primeira e a segunda eluição foram efectuadas em 3 ml e 2 ml desta mistura, com agitação vigorosa. A suspensão foi então tratada com 2 ml de metanol e, em seguida, com 2 ml de metanol: ácido acético: água (94: 1: 5 v/v). As amostras foram então diretamente transferidas para os frascos de digestão e evaporadas até cerca de 2 ml antes da digestão.

### ❖ Determinação do fósforo

Para a estimativa do fósforo dos fosfolípidos, seguiu-se o método de Bartlett (1959), modificado por Marinetti (1962). As amostras eluídas foram digeridas com 0,9 ml de ácido perclórico a 70%. A digestão foi efectuada durante 15 minutos numa chama de gás média. Os frascos foram arrefecidos e adicionaram-se 7 ml de água destilada, 1,5 ml de molibdato de amónio a 2,5% e 0,2 ml do reagente amino naftol. As misturas foram aquecidas num banho de água a ferver durante 7 minutos, retiradas e arrefecidas. As densidades ópticas foram determinadas a 830 nm.

### ❖ Cálculo

Os valores dos fosfolípidos foram calculados em termos de mg/gm de peso húmido do tecido, multiplicando o valor de fósforo obtido por um fator de 25.

### C) Métodos estatísticos

(Fischer, 1936; Snedecor, 1946; Wills, 1949) X=Média aritmética de X variáveis independentes X= SX/N em que N é o número de variáveis

### ii)  S.D. = Desvio padrão

### iii)  Para significância estatística

$$(N_1 - 1) S_1^2 + (N_2 - 1)S_2^2$$
$$N_1 + N_2 - 2$$

Onde,

N1= número de observações do primeiro grupo.

N2= número de observações do segundo grupo. St= desvio padrão (S.D.) do primeiro grupo

grupo. S2= Desvio padrão (S.D.) do segundo grupo,

### iv)  Teste t de Student:-

Onde,

Xi = Média do primeiro grupo.

X2 = Média do segundo grupo.

O valor calculado de !" foi calculado a partir dos valores "t" tabelados ao nível de probabilidade de 0,05, 0,001 e 0,005 para os respectivos graus de liberdade. No presente trabalho, o grau de liberdade foi cinco. Se o valor calculado fosse superior ao valor tabelado ao nível de probabilidade 0,05, 0,001, 0,005, então a diferença era aceite como significativa.

Os valores de "p" são significados de acordo com as seguintes conversões

p > 0,05 A diferença é considerada não significativa,

p < 0,05 A diferença é considerada quase significativa

p < 0,01 A diferença é considerada significativa,

p < 0,001 A diferença é considerada altamente significativa.

## D) LISTA DE PRODUTOS QUÍMICOS

| Name of the Chemicals | Batch No. | Source |
|---|---|---|
| Acrylamide | 7136-940 | Sigma |
| $K_2HPO_4$ | S/1094/194/070611 | Laboratory Rasayana |
| $KH_2PO_4$ | S/0694/694/260611 | Laboratory Rasayana |
| Ascorbic acid | 5CP85050 | Sarabhai Chemicals |
| $FeCl_3$ | 3MP83410 | BDH |
| TBA | 51330 | Loba Chemie |
| Chloroform | 102 A-0602-0909-13 | Laboratory Rasayana |
| Methanol | F00-O530-1105 | Laboratory Rasayana |
| $NAD^+$ | 813446 | SRL |
| $H_2SO_4$ | J02 A-0302-2410-13 | Laboratory Rasayana |
| EDTA | F01-1301-2006-13 | Laboratory Rasayana |
| NBT | 3-0996 | Hi Media |
| Sucrose | 0989/0003/1898/2006/13 | S.D.Fine chemils Ltd. |
| Bisacrylamide (N,N-methylene) | 5239 | BDH |
| TEMED | C01B/2816/0201/13 | Laboratory Rasayana |
| Tris | 0896/396/140113 | Laboratory Rasayana |
| HC1 | H0OA-O300-1107-13 | Laboratory Rasayana |
| Boric acid | S/1095/1394/171216 | Laboratory Rasayana |
| NaOH | NL 05015009 | Laboratory Rasayana |
| $Q_1SO_4$ | 79303 3311 | BDH |
| Sodium diethyl barbiturate | 25527 | BDH |
| Diethyl barbiturate | 12563 | BDH |
| Formaldehyde | J02A-0402-2110-13 | Qualigens |
| Glycerol | A7.15529 | Merck |
| Xylene | RKGR49219 | Qualigens |

| Bromophenol blue | 110 | Romali |
| Phenazine methosulphate (PMS) | T/818059 | SRL |

Os outros produtos químicos eram de grau reagente obtidos em várias empresas.

# CAPÍTULO 3

## EFEITO DE VÁRIOS EXTRACTOS DE PLANTAS NA ESPERMATOGÉNESE DE RATOS IDOSOS INDUZIDOS POR D-GALACTOSE.

## A)INTRODUÇÃO

O envelhecimento reprodutivo no homem é caracterizado por alterações dramáticas no epitélio seminífero que acabam por conduzir a uma diminuição da espermatogénese e da esteroidogénese (Wang et al, 1993; Zirkin et al, 1993; Wright et al, 1993; Jara et al, 2003). A regressão total ou parcial dos túbulos seminíferos revela frequentemente a perda de células germinativas (Syed e Hecht, 2001). No envelhecimento, as células de Sertoli, as células de Leydigs e os túbulos seminíferos apresentam alterações morfológicas que vão desde a multinuclearização, mitocôndrias polimórficas até ao aparecimento de um estado menos diferenciado (Schulze e Schulze, 1981). No testículo envelhecido, o processo de degeneração da espermatogénese começa nos túbulos atróficos (Zirkin et al, 1993; Wright et al, 1993 e Levy et al, 1999). As alterações morfológicas do testículo de ratos noruegueses castanhos revelam uma diminuição do diâmetro, comprimento e volume dos túbulos seminíferos que progride com a idade (Zirkin, 1993).

No envelhecimento dos testículos dos mamíferos, a regressão dos túbulos seminíferos contribui para a perda de células germinativas. Entre a população de células germinativas, as células de Sertoli apresentam frequentemente alterações morfológicas (Schulze e Schulze, 1981; Paniagua et al, 1985). A diminuição do diâmetro do túbulo seminífero, do comprimento e do volume é idêntica à da idade progressiva (Zirkin et al, 1993). Johnson e os seus colaboradores demonstraram que a atrofia testicular está correlacionada com as células germinativas, o que levanta a possibilidade de envelhecimento tanto das células somáticas como das células germinativas do testículo dos mamíferos (Syed e Heeht, 2001).

Durante a espermatogénese, as células germinativas diferenciam-se em estreita associação com as células de Sertoli, que segregam um grande número de proteínas de transporte e factores reguladores, que são cruciais para o desenvolvimento das células germinativas (Griswold, 1998; Jegou, 1993; Jegou e Pineau, 1995). Nas células de Sertoli envelhecidas, os investigadores mostraram alterações na expressão de numerosas proteínas, incluindo a catepsina, a transferrina, a clustrina e a inibina (Zirkin et al, 1993; Kim e Wright, 1997). As células de Sertoli humanas diminuem em número com a idade e existe uma relação entre a produção de esperma e o número de células de Sertoli (Johnson et al, 1984).

A função das células de Leydig também diminui com o aumento da idade. De acordo com Neaves et al (1985), ainda não foi esclarecido se estas células desaparecem por transformação noutro tipo de células ou por morte e dissolução. Foi demonstrado que a hormona testosterona, produzida pelas células de Leydig, diminui com a idade (Chen et al, 1996). Pode ter alguma associação com a população de células de Leydig no testículo (Kaler e Neaves, 1978).

As alterações estruturais e funcionais do testículo e do epidídimo podem ser estudadas por técnicas histológicas e bioquímicas durante o envelhecimento. Os espermatozóides de mamíferos presentes nos túbulos seminíferos do testículo são imóveis ou apresentam movimentos vibratórios muito restritos; são inviáveis e não têm capacidade de fertilização. À medida que os espermatozóides atravessam os túbulos do epidídimo, atingem motilidade progressiva e capacidade de fertilização (Orgebin-Crist, 1981; Austin, 1985; Cooper, 1986 e Amann, 1989; Verma, 2001).

O epidídimo dos mamíferos é um ducto alongado e enrolado suspenso no mesorquio e está firmemente ligado à túnica albugínea. O lúmen tubular epididimário é contínuo com a lâmina de vasa efferentia no testículo e termina no canal deferente. A divisão grosseira do epidídimo compreende o caput, o corpus e a cauda epididimária. O epitélio luminal epididimário é constituído por células pálidas ou claras como células principais e células basais (Chinoy, 1984; Fisher e Aitken, 1997; Alkan et al, 1997).

O epidídimo é um armazém de espermatozóides, particularmente para fins de maturação, pelo que o estudo histológico do epidídimo de três compartimentos diferentes revela o número e a saúde dos espermatozóides (Vernet et al, 2001). O espermatozoide está relacionado com o processo de fertilização, se não for saudável ou afetado por radicais livres (stress oxidativo), pode levar à infertilidade no homem (Aitken, 1994). No que respeita ao envelhecimento dos testículos, o tamanho dos testículos do rato castanho da Noruega regrediu (Syed e Hecht, 2001).

As células germinativas do testículo, bem como os espermatozóides em maturação, são dotados de um sistema de eliminação enzimático e não enzimático para evitar danos causados pelo stress oxidativo ou pela peroxidação dos lípidos da membrana (Lenzi et al, 2000; Bouche et al, 1994). O desequilíbrio entre a produção de ROS e a capacidade antioxidante total (TAC) está correlacionado com a infertilidade (Kaur e Bansal, 2004). Por conseguinte, é importante estudar a eficácia dos antioxidantes no testículo, bem como no epidídimo.

**8) Material e Métodos**

Foram selecionados ratos adultos machos de cinco a seis meses de idade, pesando cerca de 50 gms, e agrupados em cinco ratos como controlo, D-galactose injectada, D-galactose + extrato de P. crispum tratado, D-galactose + extrato de L. saliva tratado e D-galactose + extrato de B. monniera administrado. Após a conclusão das dosagens, todos os animais foram mortos por deslocação cervical. O testículo e o epidídimo foram retirados para os estudos seguintes:

**a) Peso dos testículos e epidídimos-**

Assim que os tecidos foram retirados do corpo, os seus pesos húmidos foram imediatamente registados.

**b) Contagem de espermatozóides (Taylor, 1985)**

O epidídimo foi cuidadosamente picado em 2 ml de solução salina a 0,9%. Esta amostra foi utilizada para a contagem de espermatozóides. O número de espermatozóides foi contado na lâmina de Neaubaur, fornecida no hemocitómetro. Os espermatozóides foram contados em quatro quadrados nos cantos da lâmina de Neaubaur, cobrindo uma área de 4 mm$^2$ . A contagem total de espermatozóides foi calculada como

$$\text{Total sperm count/epididymis} = \frac{\text{Sperm count}}{4 \times 0.1} \times 1000$$

A partir deste valor, foi calculado o número total de espermatozóides em 2 ml; o valor dá o número total de espermatozóides por epidídimo,

**c) Histologia**

Os testículos e os epidídimos foram fixados em NBF a 10% durante 24 horas, lavados em água corrente da torneira durante 24 horas, desidratados através de graus de álcool, limpos em xileno e incluídos em parafina. As secções foram cortadas com 5 n de espessura e espalhadas em lâminas albuminizadas. Estas secções foram utilizadas para a coloração pelo método padrão da hematoxilina-eosina da seguinte forma

❖ As secções foram desparafinizadas em xileno hidratado através de graus de álcool de absoluto a 30 % e trazidas para água destilada.

❖ Coradas com hematoxilina durante 2 min. e lavadas em água corrente durante 5 min.

❖ Desidratado através de graus alcoólicos de 30% a 70% de álcool.

❖ Coloração com eosina alcoólica a 2% durante 5 minutos (eosina a 2% em álcool a 90 %)

❖ Lavado com álcool a 90%

❖ Desidratadas, limpas em xileno e montadas em D.P.X.

**d) Resultados**

**a) Peso dos testículos e epidídimos:**

A Tabela no.l e o Gráfico no. 1 & 2 mostram os pesos do testículo e do epidídimo após o respetivo tratamento.

O peso dos testículos no grupo de controlo foi de $236 \pm 2,40$ mg. Foi observada uma diminuição significativa do peso dos testículos nos ratinhos alimentados com galactose ($p < 0,05$). Os ratos tratados com extractos de várias plantas, P. crispum, L. sativa e B. monniera, apresentaram um aumento do peso dos testículos em comparação com o grupo de ratos alimentados com galactose. Este aumento foi altamente significativo nos três grupos e foi mais uniforme do que no grupo de controlo ($p < 0,001$).

O extrato do animal tratado com B. monniera apresentou o maior peso do testículo em todos os grupos, ou seja, $284,82 \pm 0,48$ mg. Foram obtidos resultados semelhantes no caso do epidídimo. O peso do epidídimo diminuiu significativamente em ratos injectados com galactose ao nível de $p < 0,001$. Mas nos ratos tratados com extrato de plantas, o peso do epidídimo (Gráfico nº 2) parece ter aumentado em comparação com os ratos alimentados com galactose. Os pesos registados foram $56,78 \pm 0,465$ mg, $54,48 \pm 1,432$ mg e $58,36 \pm 1,281$ mg nos extractos de P. crispum, L. sativa e B. monniera, respetivamente. Assim, o aumento do peso do testículo e do epidídimo foi máximo nos ratinhos tratados com B. monniera,

**b) Contagem de espermatozóides:**

A contagem de espermatozóides diminuiu significativamente nos ratos idosos induzidos por galactose ($p < 0,001$), tendo aumentado nos ratos tratados com extrato de P. crispum em comparação com o grupo tratado com galactose ao nível de $p < 0,05$.

Os ratos tratados com extrato de L sativa também apresentaram um aumento significativo na contagem de espermatozóides ($p < 0,05$). O aumento da contagem de espermatozóides foi altamente significativo ($p < 0,001$) no grupo de ratos injectados com extrato de B. nonniera. No grupo de controlo foi de $7,136 \pm 0,0945$, no grupo tratado com galactose foi de $6,7826 \pm 0,0370$, $6,863 \pm 0,0508$ foi observado no grupo tratado com P. crispum, $6,934 \pm 0,0776$ foi observado no grupo tratado com extrato de L. sativa e 7,0046±0,0711 foi encontrado em ratos tratados com B. monniera.

**Tabela No. 1 Efeito de vários extractos de plantas no peso do testículo e do epidídimo de ratos idosos induzidos por D-Galactose.**

| Sr.No. | Study group | Weight of Testis (mg) | Weight of Epididymis (mg) | Statistical significance Testis Epididymis |
|---|---|---|---|---|
| 1 | Control (5) | 236.6±2.40 | 54±3.535 | |
| 2 | DG (5) | 225±6.324 | 41.4±4.410 | 1:2<br>3.832　　　　7.584<br>p<0.001　　　　p<0.001 |
| 3 | DG + P (5) | 256.6±0.87 | 56.78±0.465 | 2:3<br>11.81　　　　27.92<br>P<0.001　　　　P<0.001 |
| 4 | DG + L (5) | 264.42±0.84 | 54.48±1.432 | 2:4<br>13.813　　　　15.97<br>p<0.001　　　　p<0.001 |
| 5 | DG+ B (5) | 284.82±0.48 | 58.36±1.218 | 2:5<br>21.87　　　　22.10<br>p<0.001　　　　p<0.001 |

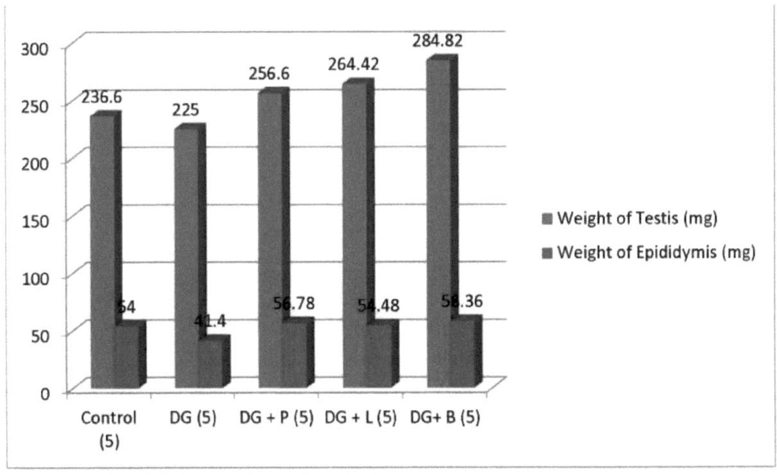


O número entre parêntesis indica o número de animais.
Os valores são a Média±S.D. p<0,001 altamente significativo,
DG (grupo injetado com D-galactose),
DG + P (D-galactose + grupo injetado com Petroselinum crispum), DG + | (D-galactose + grupo injetado com Lactuca sativa) e DG + B (D-galactose + grupo injetado com Bacopa monniera).

Tabela No. 2 Efeito de vários extractos de plantas na contagem de espermatozóides de **ratos idosos induzidos por galactose (contagem de espermatozóides em x10$^6$ /epidídimo).**

| Sr.No. | Study group | Sperm count | Statistical significance |
|---|---|---|---|
| 1 | Control (S) | 7.136 ± 0.0945 | |
| 2 | DG (5) | 6.782 ± 0.0370 | 1:2<br>7.7997<br>p<0.05 |
| 3 | DG + P (5) | 6.863 1 0.0508 | 2:3<br>2.9129<br>P<0.05 |
| 4 | DG + L (5) | 6.934 10.0776 | 2:4<br>3.9748<br>P<0.001 |
| 5 | DG + B (5) | 7.0046±0.0711 | 2:5<br>6.2182<br>P<0.001 |

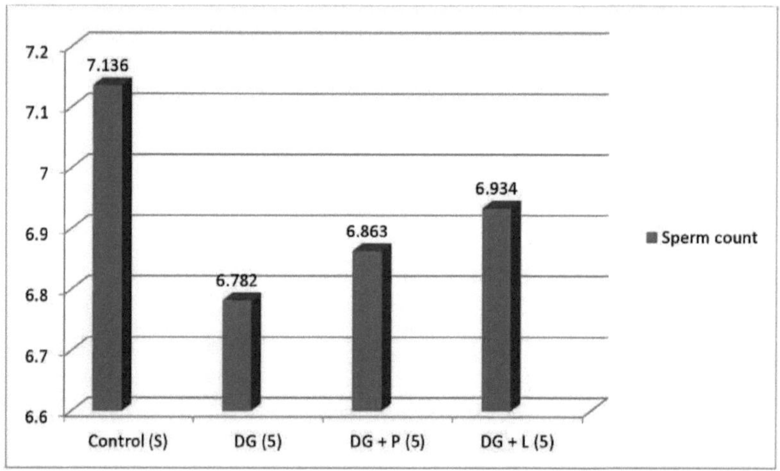


O número entre parêntesis indica o número de animais.

Os valores são Média±S.D.

p<0,001 - altamente significativo,

p<0,05 - DG significativo (grupo injetado com D-galactose),

DG + P (D-galactose + grupo injetado com Petroselinum crispum), DG + L (D-galactose + grupo injetado com Lactuca sativa) e DG + B (D-galactose + grupo injetado com Bacopa monniera).

### c) Histologia

As placas no. I e II descrevem a histologia do testículo e do epidídimo de ratinhos de controlo, tratados com D-galactose e com vários extractos de plantas. O testículo de ratos injectados com Galactose mostrou alterações degenerativas no epitélio seminífero ft (f). As camadas de espermatócitos e espermátides foram perturbadas (ff) e, em última análise, resultaram numa diminuição do número de espermatozóides (SP) no lúmen dos túbulos seminíferos. As células de Leydig foram observadas dispersas nos espaços intersticiais (L). Assim, a estrutura geral dos túbulos seminíferos foi considerada altamente desorganizada (placa n.º I e fig. 2.) em comparação com a do controlo (placa n.º I e fig. n.º 1).

O epidídimo dos ratos injectados com galactose também apresentou alterações. O revestimento epitelial do epidídimo mostrou células rompidas (t) e muito poucos espermatozóides (SP) no lúmen (placa n.º II e fig. 2) em comparação com o controlo (placa n.º II e fig. n.º I)

As secções de testículos que receberam extractos de plantas, ou seja, P. crispum (placa n.º I e fig. 3), L. sativa (placa n.º I e fig. 4) e B. monniera (placa n.º I e fig. 5) juntamente com D-galactose, não apresentaram quaisquer alterações histológicas como as observadas nas secções injectadas com D-galactose. Os túbulos pareciam normais, sem alterações no epitélio, bem como nas camadas de espermatócitos.

Os epidídimos de P. crispum (Placa no.II e fig. no. 3), L. saliva (Placa no.II e fig. no. 4) e B. monniera (Placa no.II e fig. no. 5) mostraram estrutura normal com maior número de espermatozóides do que os de D-galactose. Os espermatozóides eram abundantes no grupo tratado com extrato de B. monniera (placa no. II e fig. 3).

### D) Discussão

O envelhecimento reprodutivo está associado a uma regressão dos órgãos reprodutores, como o testículo. Em especial, os túbulos seminíferos apresentam um aspeto alterado e uma paragem na diferenciação das células germinativas (Wright et al, 1993; Schulze e Schulze, 1981). Foram observados resultados semelhantes no grupo de ratinhos a quem foi administrada D-galactose. Neste grupo, foram observadas deformações estruturais juntamente com uma diminuição do número de espermatozóides no lúmen do túbulo seminífero. As células de Leydig também mostraram rupturas e espalharam-se por todos os espaços intercelulares. Muitos investigadores descreveram a persistência das células de Leydig no testículo envelhecido, transformando-se em elementos mesenquimatosos desdiferenciados. Em vez disso, observações de microscopia de luz e eletrónica dos testículos desses homens revelaram evidências de degeneração e dissolução das células de Leydig (Neaves et al, 1985). A oxidação afecta os espermatozóides de uma forma complexa, quer desencadeando hiperatividade quer suprimindo a motilidade, dependendo das condições (Kim e Parthasarthy, 1998; Aitken et al, 1989; Aitken, 2000). Os ácidos gordos poli-insaturados são vulneráveis à peroxidação por ROS, e os lípidos peroxidados e os compostos carbonílicos produzidos por esta reação são tóxicos para os espermatozóides (Jones et al, 1979; Alvarez e Storey, 1995). Assim, para a produção de espermatozóides funcionais, a proteção é pré-requisito contra o stress oxidativo. Diferentes tipos de stress oxidativo, como o stress térmico (Ikeda et al, 1999) e a inflamação no testículo (Baker et al, 1996) podem causar apoptose das células espermatogénicas.

No que diz respeito à proteção contra o stress oxidativo, a defesa antioxidante própria deve ser potente. Este sistema pode ser complementado por suplementos alimentares que contenham antioxidantes, como muitos fitoquímicos presentes em diferentes plantas, tal como mencionado anteriormente no capítulo I. A administração de extractos de plantas (P. crispum, L. sativa e B. monniera) juntamente com o grupo de ratinhos com D-galactose mostrou um grau de proteção notável, tal como indicado pelo aumento da contagem de espermatozóides.

Abdel-Wahab (2003) descreveu no seu trabalho que o di-bromoacitonitrilo (DBAN) pode ser parcialmente responsável pela toxicidade testicular, mas após o tratamento com hidroquinona de butilo terciário (TBHQ), este mostrou um papel protetor contra os danos testiculares induzidos pelo DBAN. Foram observadas alterações histopatológicas testiculares marcantes após a exposição a doses fraccionadas de campo magnético. O pré-tratamento de ratinhos com L-carnitina ou CO-Q-10 uma hora antes da exposição ao campo magnético provocou uma recuperação significativa dos danos nos testículos dos ratinhos induzidos por um campo magnético elevado (Ramadan et al, 2002).

O estudo histológico na presente investigação também indicou danos nas células espermatogénicas e nas células Leydig do testículo no grupo tratado com D-galactose, mas não no grupo administrado com P. crispum, L. sativa e B. monniera. Muitos investigadores descreveram a relação do seu trabalho de investigação com estes tipos de células. A suplementação da forma reduzida da glutationa redutase (GR) das células de Sertoli seria necessária para as células espermatogénicas, tanto para a proteção contra as ROS como para uma fonte de aminoácidos para a espermatogénese (Kaneka et al, 2002). No entanto, as células espermatogénicas contêm níveis bastante elevados de GSH (glutatião, forma reduzida). Se o poder redutor for demasiado baixo, as células espermatogénicas ficam sujeitas a apoptose por ROS e outros estímulos (Twigg et al, 1998; Aitken et al, 1993).

Alguns estudos também indicaram que as células de Leydig também são afectadas pelo stress oxidativo como o calor. Em ratos varicocelizados, houve uma diminuição significativa no nível de testosterona, indicando um defeito na função secretora das células de Leydig. A função secretora influenciou negativamente a espermatogénese e a maturação do esperma epididimal (Suzuki e Sofikitis, 1999). Mas após a administração de antioxidante, as funções testiculares e a motilidade dos espermatozóides epididimários caudais mostraram capacidade de fertilização (Suzuki e Sofikitis, 1999).

O epidídimo armazena os espermatozóides no líquido seminal. A abundância de stress oxidativo no epidídimo pode, portanto, ser um importante fator prejudicial na infertilidade masculina (Vernet et al, 2001; Bedford, 1974). No envelhecimento dos ratos Brown Norway, tanto a espermatogénese como a esteroidogénese diminuem. Pouco se sabe sobre as alterações no epidídimo durante o envelhecimento. Serre e Robaire (1998) colocaram a hipótese de que a histologia epididimária seria afetada pelo avanço da idade. Verificou-se um aumento dependente da idade na espessura da membrana basal e no número de células do halo.

Os resultados semelhantes foram observados nesta investigação no caso do grupo de ratinhos tratados com D-galactose, que mostrou um revestimento muito perturbado do epitélio epididimário, com diminuição do número de espermatozóides no epidídimo, apesar de contrariar os efeitos tóxicos das ERO, o plasma seminal e os espermatozóides possuem uma série de mecanismos antioxidantes. As enzimas antioxidantes catalase, superóxido dismutase, glutationa peroxidase e glutationa redutase foram todas detectadas no plasma seminal (Sanocka et al, 1996; Aitken et al, 1997; Yeung et al, 1998).

Além disso, o plasma seminal contém altas concentrações de grupos tiol, ácido ascórbico e úrico, bem como uma quantidade substancial de Glutationa (GSH) e d-tocoferol (Li, 1975; Lewis et al, 1997; Ochsendorf et al, 1998). Os espermatozóides em si também possuem altas concentrações de grupos tiol, bem como quantidades menores de ácido ascórbico, d-tocoferol, ácido úrico e GSH (Li, 1975; Lewis etal, 1997; Ochsendorfe/ al, 1998).

Assim, existe uma proteção contra o stress oxidativo através da existência de um sistema auto-antioxidante no testículo e no epidídimo, embora se verifiquem deteriorações histológicas no testículo e no epidídimo de ratos tratados com D-galactose. Esta deterioração pode ser evitada ou minimizada através da utilização de determinados antioxidantes ou de alguns fitoquímicos como os flavonóides com propriedades antioxidantes.

A P. crispum (salsa) tem propriedades antioxidantes muito fortes (Hirano et al, 2001; Mohammad, 2002). A P. crispum contém flavonóides que também desempenham um papel crucial na melhoria das funções cardíacas. É uma das fontes mais ricas de flavonóides, especialmente de quercetina (Fejes et al, 1998; Zheng et al, 1992; Sasaki et al, 2003). P. crispum contém uma quantidade rica de vitamina C e A, que são cardio-protectoras, úteis na osteoartrite e na artrite reumatoide (Pattison et al, 2004). Os óleos essenciais miristicina e apiol ajudam a inibir a formação de tumores (Zheng et al, 1992). Os outros flavonóides em P. crispum são a luteolina, a apigenina e a apiina, que em conjunto ajudam a melhorar as funções sanguíneas, renais e hepáticas, desempenhando essencialmente um papel importante na eliminação de espécies reactivas de oxigénio. Sanz et al (1994) e Pietta (2000) demonstraram que as propriedades antioxidantes dos flavonóides como o kaempherol, a quercetina e a miristicina se devem à sua capacidade de reduzir a formação de radicais livres e também de os eliminar.

A membrana dos espermatozóides é constituída por uma grande quantidade de ácidos gordos polinsaturados (PUFA) que são propensos à peroxidação devido a espécies reactivas de oxigénio/ataque de radicais livres. Assim, a eliminação dos radicais através do fornecimento de flavonóides a partir de extractos de plantas pode reduzir os danos oxidativos nos espermatozóides.

L. sativa (alface) também pode fornecer fitoquímicos antioxidantes que podem contribuir para a saúde humana, os extractos de folhas de L. sativa continham compostos com actividades específicas elevadas de eliminação de radicais peroxilo (Caldwell, 1995). Os resultados da presente investigação, correlacionados com a informação acima referida, indicam que, após a administração de saliva de L. juntamente com D-galactose, se verificou uma deterioração mínima da estrutura histológica dos testículos e do epidídimo, bem como um aumento da contagem de espermatozóides, em comparação com o grupo de ratinhos com D-galactose.

Assim, os espermatozóides, a unidade estrutural e funcional do sistema reprodutor masculino, são afectados pelas ERO, mostrando um efeito prejudicial na fertilidade. Mas, através da administração de antioxidantes fitoquímicos, a toxicidade é reduzida devido à D-galactose. Assim, estudos histológicos no testículo e epidídimo mostram claramente que P. crispum, L. sativa e B. monniera desempenharam definitivamente um papel de antioxidante contra espécies reactivas de oxigénio nos órgãos reprodutores masculinos. A contagem de espermatozóides que foi reduzida em ratos tratados com D-galactose foi aumentada em ratos que receberam extractos de plantas.

O aumento foi máximo no grupo tratado com B. monniera.

# CAPÍTULO 4

# EFEITO DE VÁRIOS EXTRACTOS DE PLANTAS NA PEROXIDAÇÃO LIPÍDICA E NO PRODUTO DE FLUORESCÊNCIA NO TESTÍCULO E EPIDÍDIMO DE RATOS IDOSOS INDUZIDOS POR D-GALACTOSE

## A) Introdução

Os radicais livres extremamente reactivos são designados por espécies reactivas de oxigénio (ROS), que incluem principalmente o radical superóxido (O2') e os radicais hidroxilo (OH). As espécies reactivas de oxigénio são produzidas continuamente nas células vivas como um subproduto do metabolismo normal dos xenobióticos (Beal et al, 1995; Winston & Digiulio, 1991; Stohs e Bagchi, 1995 e Parihar et al, 1997) durante a exposição a temperaturas elevadas e à radiação (Witkop, 1985; Sen, 1995; Parihar & Dubey, 1995; Parihar et al, 1996). As ROS são geradas pela fuga de electrões das cadeias de transporte de electrões mitocondriais, do citocromo P450 microssomal e dos seus sistemas (Fridovich, 1989; Beal, 1997; Hansford et al, 1997).

Os espermatozóides de mamíferos são ricos em ácidos gordos polinsaturados e, por isso, são susceptíveis a danos causados por peróxidos, devido a ROS (Aitken & Clarkson, 1989).

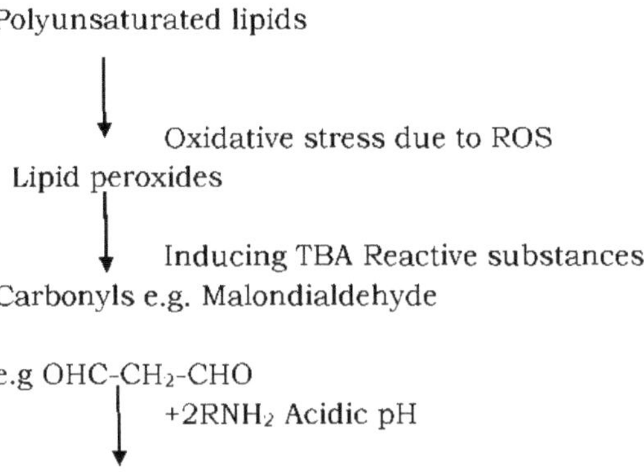


A presença de leucócitos (predominantemente granulócitos) no sémen tem sido associada a infertilidade masculina grave (Aitken et al, 1992; Wolf e Anderson, 1988). Tem havido muitas especulações sobre se a origem das ROS no sémen é dos espermatozóides ou dos leucócitos infiltrados (Kesopoulou et al, 1992 e Krausz et al, 1994). Iwasaki e Gagnon (1992) relataram que as fracções de leucócitos e percoll livre de amostras de sémen obtidas de homens inférteis não azoospérmicos geram níveis detectáveis de ERO quando comparadas com o sémen de homens normais e azoospérmicos, sugerindo que os espermatozóides danificados são provavelmente a fonte de ERO. Embora a presença de leucócitos no sémen não tenha diminuído a capacidade de fertilização in vitro dos espermatozóides, a introdução de leucócitos em preparações de esperma lavado reduziu as funções do esperma pela produção de ROS (Aitken *et al*, 1995). A indução da peroxidação lipídica dos leucócitos aumenta a produção da substância que reage com o ácido tiobarbitúrico

(TBARS) pelos espermatozóides após a incubação com o sistema xantina-xantina oxidase, que é promotor da peroxidação, e foi associada a uma diminuição significativa de PUFA. (Zalata *et al*, 1998).

O malondialdeído (MDA), um produto da peroxidação lipídica, é um dialdeído altamente reativo produzido pela peroxidação lipídica de ácidos gordos insaturados (Smith et al, 1996; Jeandel et al, 1989; Esterbauer et al, 1991). Outro produto da peroxidação lipídica é o 4-hidroxinonenal (HNE), que também está associado à fisiopatologia de várias doenças (Romero et al, 1998).

Os danos causados pelas ROS são eliminados nos lisossomas por enzimas hidrolíticas. Mas devido ao stress oxidativo e durante a digestão da membrana peroxidada, a membrana lisossomal e as enzimas são danificadas, tornando-as instáveis e fracas, o que leva à lipofuscinogénese (Thaw et al, 1984; Sohal et al, 1989; Marzabadi et al, 1990; 1991; Tomake e Pillai, 1995). Em muitas condições patológicas, bem como no processo de envelhecimento, ocorre a acumulação de lipofuscina.

Estes acumulam-se com a idade nos lisossomas secundários das células pigmentares da retina, resultando na degenerescência macular (Wihlmark et al, 1997). medida que o nível de pigmento aumenta nas células, ocorrem alterações na estrutura e membrana neuronais (Patro e Slmrmn, 1984; Patro, 1985) na estrutura e funções do colagénio, clastos e matriz cromossómica (Patro e Patro, 1992). A lipofuscina tem uma autofluorescência caraterística, idealmente utilizada para a identificação do pigmento lipofuscina (Chio e Tappel, 1969; Donato e Sohal, 1981; Patro, 1985; Brunk e Terman, 2002). Esta auto-fluorescência deve-se à presença da base de Schiff. A fluorescência pode ser parcialmente extraída com solventes inorgânicos e a fração extraível apresenta um máximo de excitação na gama da luz azul visível (Wihlmark et al, 1997). De acordo com Tappel (1995), o material fluorescente solúvel em clorofórmio, com emissão azul, é um marcador para o estudo dos radicais livres e dos danos oxidativos no processo de envelhecimento.

Lee e Park (1997) demonstraram a obstrução dos túbulos seminíferos, a perda de células de Leydig e o espessamento da membrana basal nos testículos envelhecidos. Além disso, referiram que as alterações na espermatogénese e na atividade endócrina podiam ser identificadas a partir de alterações morfológicas testiculares no processo de envelhecimento. A senescência reprodutiva está associada a um volume testicular reduzido, a espermatozóides móveis no ejaculado e a um menor número de produção de espermatozóides estruturalmente normais (Wolf et al, 2000). Fishelson (2003) relatou apoptose celular, degeneração, formação de grandes espermatogénios e variação no epitélio gametogénico em testículos envelhecidos de peixes ciclídeos.

Quando a formação de radicais livres aumenta acima do normal, o sistema de defesa natural não funciona eficazmente. Este não é capaz de prevenir os danos causados pelos radicais livres e a lipofuscinogénese em órgãos como o cérebro, o coração e os testículos, apesar de os testículos dos mamíferos possuírem um sistema antioxidante rico (Suzuki e Sofikitis, 1999).

Os flavonóides são produtos do metabolismo das plantas e têm diferentes estruturas fenólicas (Kuhnau, 1976). São antioxidantes eficazes devido às suas propriedades de eliminação de radicais livres e porque são quelantes de iões metálicos (Kandaswami e Middleton, 1994). Possuem uma vasta gama de actividades biológicas diferentes, incluindo antibacteriana, antitrombótica, vasodilatadora, anti-inflamatória e anticancerígena (Middleton et al, 2000). Estudos in vitro indicam diferenças consideráveis no potencial antioxidante de diferentes subgrupos de flavonóides, consoante a sua estrutura química (Rice-Evans et al, 1996). Devido às diferenças na sua estrutura química, biodisponibilidade, distribuição e metabolismo, os diferentes compostos de flavonóides podem ter efeitos diferentes na saúde humana. A partir da base de dados de flavonóides, verificou-se que a P. crispum (Hermann, 1976), a Lactuca sativa (Bilyk e Sapers, 1985) são ricas em flavonóides quercetina, a B. monniera (Jain e Kulshrestha, 1993; Rastogi et al, 1994; Tripathi et al, 1996; Vaidya, 1997; Kittani et al, 1998; Murayama et al, 1999; Vohora et al, 2000 e Staugh et al, 2002) é rica em saponinas denominadas Bacoside A e Bacoside B.

Os flavonóides são utilizados contra doenças cerebrais como a doença de Alzheimer, a doença de Parkinson, a demência (Mark *et al,* 1996) e doenças cardiovasculares e cancro associados à etiologia do stress oxidativo. Não existe literatura sobre o efeito dos flavonóides no testículo e no epidídimo, apesar de estes órgãos também sofrerem de stress oxidativo.

No presente estudo, selecionámos *P. crispum*, *L. sativa* e *B. monniera*, que são fontes ricas de flavonóides, para mostrar os seus efeitos nas alterações induzidas pelo stress oxidativo no testículo e no epidídimo.

## B) Material e métodos

### 1) Peroxidação lipídica:

**Material *M***

Foram utilizados ratos adultos machos (5 a 6 meses de idade) para o presente trabalho. Foram agrupados em cinco grupos: controlo (0,5 ml de água esterilizada/dia durante 20 dias), D-galactose injectada (5%, 0,5 ml/dia), extrato de *P. crispum* juntamente com D-galactose injectada (0,5 ml/dia) durante 20 dias, extrato de *L. sativa* juntamente com D-galactose injectada (0,5 ml/dia) durante 20 dias e extrato de *B. monniera* juntamente com D-galactose injectada (0,5 ml/dia) durante 20 dias. Foram sacrificados por deslocamento cervical. O testículo e o epidídimo foram retirados e utilizados para a determinação da peroxidação lipídica.

**Métodos *M***

### a) Peroxidação lipídica total

A peroxidação lipídica total foi estudada nos órgãos supramencionados, ou seja, testículo e epidídimo do controlo, D-galactose, D-galactose + *P. crispum*, D-galactose + *L. sativa* e D-galactose + *B. monniera*, pelo método descrito por Wills (1966).

Os tecidos dos órgãos foram homogeneizados em mistura de reação (2mg/ml) contendo tampão fosfato 75 mM (pH 7,04), $FeCl_3$ 1mM e ácido ascórbico 1 mM com 20 % de TCA e 0,67 % de TBA. As misturas foram aquecidas num banho de água em ebulição. A substância que reage com o ácido tiobarbitúrico (TBARS) sob a forma de malondialdeído (MDA) foi medida a 532 nm. Os pormenores do procedimento são mencionados no capítulo II.

b)   **Peroxidação mitocondrial**

A peroxidação, ou seja, TBARS sob a forma de MDA, foi estudada nas fracções mitocondriais do testículo e do epidídimo.

Os tecidos dos órgãos foram homogeneizados em sacarose 0,25 M e EDTA 1 Mm. Os homogenatos foram centrifugados a 3000 rpm durante 10 min. a 10 °C. O sobrenadante "A" assim obtido foi novamente centrifugado a 10 000 rpm durante IS min. a 10 c. Os sedimentos obtidos após centrifugação elevada foram suspensos em 0,2 ml de Triton X-100 a 20% e 0,8 ml de água destilada. Novamente centrifugados a alta velocidade (10 000 rpm) durante 20 minutos a 10 °C, os sedimentos obtidos foram ressuspensos na mistura de reação e estas amostras foram utilizadas para medições da peroxidação mitocondrial.

## 2) **Medição do produto de fluorescência**

Para o presente estudo, foram utilizados ratos machos com cerca de 5 a 6 meses de idade. Foram divididos em cinco grupos: controlo (0,5 ml de água esterilizada/dia), injeção de D-galactose (5%, 0,5 ml/dia), extrato de P. crispum juntamente com D-galactose (0,5 ml/dia), extrato de L. sativa juntamente com D-galactose (0,5 ml/dia) e extrato de B. monniera juntamente com D-galactose (0,5 ml/dia). Os ratinhos foram deslocados cervicalmente; os testículos e o epidídimo foram excisados e utilizados para a medição do produto de fluorescência A homogeneização dos testículos e do epidídimo foi efectuada num almofariz e pilão previamente arrefecidos. Para a medição dos produtos fluorescentes, os homogenatos foram preparados numa mistura de reação contendo tampão fosfato 75 mM, pH 7,04, ácido ascórbico 1 mM e FeCl3 1 mM. A extração foi realizada por adição de clorofórmio: metanol (2:1 v/v). A fluorescência foi medida utilizando um fotofluorómetro. Para a calibração, foi utilizado como padrão 1 pg de sulfato de quinina/ml de H2SO4 0,1 N. Utilizou-se H2SO4 0,1 N como branco.

## C) **Resultados**

## a) **Peroxidação lipídica total**

A peroxidação lipídica total sob a forma de Malondialdeído (MDA) n mol/mg de peso húmido de tecido é descrita na tabela n. 3 e nos gráficos n.ºs 4 e 5 do testículo e do epidídimo.

Observou-se que a injeção de D-galactose aumentou o nível de MDA tanto no testículo como no epidídimo, 20,4229±0,3761 n mol MDA/mg de tecido e 17,3075±0,4560 n mol MDA/mg de tecido, respetivamente, o que foi cerca de duas vezes superior ao do grupo de controlo (8,5383±0J289 n mol MDA/mg de tecido e 8,5383±0,4374 n mol MDA/mg de tecido). Após a administração de extractos de plantas, a peroxidação foi reduzida nos testículos. No testículo tratado com P. crispum, foi de 14,4226±0,4558 n mol MDA/mg de tecido e foi de 11,3075±0,3761 n mol MDA/mg de tecido e 9,1729±0,5159 n mol MDA/mg de tecido nos grupos tratados com L. sativa e B. monniera, respetivamente (Gráfico nº 4). No epidídimo, a peroxidação também foi reduzida, foi de 14,6804±0,2561 n mol MDA/mg de tecido no extrato de P. crispum juntamente com ratos que receberam D-galactose, foi de 112499±0,2040 n mol MDA/mg de tecido no extrato de L. sativa juntamente com ratos injectados com D-galactose e foi de 8,9422±0,6768 n mol MDA/mg de tecido no extrato de B. monniera juntamente com ratos administrados com D-galactose (Gráfico n.º 5). A peroxidação total diminuiu no grupo tratado com o extrato da planta em comparação com o grupo de ratinhos com D-galactose. A diminuição foi altamente significativa (p<0,001). A partir das observações anteriores, é evidente que os animais tratados com extrato de Bacopa monniera apresentaram uma redução máxima em ambos os órgãos, ou seja, testículo e epidídimo. Os valores de peroxidação no grupo tratado com B. monniera são muito próximos dos valores dos controlos (Tabela n° 3).

b) **Peroxidação mitocondrial**

A tabela n.º 4 descreve a peroxidação das mitocôndrias nos testículos e epidídimos de todos os grupos de estudo, enquanto o mesmo é mostrado nos gráficos n.º 6 e 7.

A peroxidação nas fracções mitocondriais do testículo (Gráfico n.º 6) e do epidídimo (Gráfico n.º 7) aumentou significativamente com a D-galactose, 6,2338±0,0951 n mol MDA/mg de tecido &_5,1534±0,0591 n mol MDA/mg de tecido, respetivamente, em comparação com o grupo de controlo (3,4584±0,0047 n mol MDA/mg de tecido & 3,3364±0,1897 n mol MDA/mg de tecido). Este aumento foi altamente significativo (p<0,001). O tratamento com extractos de plantas mostrou uma diminuição da peroxidação no testículo e no epidídimo, que foi de 2,21208±0,1760 n mol MDA/mg de tecido e 2,4776±0,0713 n mol MDA/mg de tecido, respetivamente, em P. crispum; foi de 1,2182±0.1033 n mol MDA/mg de tecido e 12162±0,0963 n mol MDA/mg de tecido, respetivamente, em L. sativa e 0,6104±0,0367 n mol MDA/mg de tecido e 1,3959±0,149 n mol MDA/mg de tecido, respetivamente, no grupo do extrato de B. monniera. Verificou-se uma diminuição da peroxidação mitocondrial no grupo tratado com extrato da planta, que foi cerca de seis vezes superior no testículo e cinco vezes superior no epidídimo. Verificou-se uma redução máxima da peroxidação mitocondrial no grupo tratado com extrato de B. monniera,

c) **Medição da fluorescência**

A medição do produto de fluorescência em todos os grupos de estudo é mencionada na tabela n°. 5 e Gráficos n.ºs 8 e 9 dos testículos e epidídimos, respetivamente. Foi observado um aumento significativo do nível de fluorescência nos testículos de ratinhos idosos induzidos por galactose, que foi de 0,0525±0,0142 (Gráfico n.º 8) e no epidídimo, que foi de 0,0524±0,0144 (Gráfico n.º 9). O aumento da peroxidação mitocondrial foi significativo ao nível de p<0,001. O grupo de ratinhos que recebeu P. crispum juntamente com D-galactose apresentou 0,011±0,0035 no testículo e 0,0117±0,0024 no epidídimo, em termos de fluorescência.

A diminuição do nível de fluorescência foi significativa. Os níveis de fluorescência também diminuíram para 0,0112±0,0007 no testículo e 0,0102±0,0012 no epidídimo do extrato de Lactuca juntamente com ratinhos alimentados com D-galactose. Os níveis de fluorescência foram reduzidos para 0,0098±0,0007 e 0,0092±0,0012 em B. monniera tratados juntamente com D-

**Tabela No. 3 Efeito de vários extractos de plantas na peroxidação lipídica do testículo e epidídimo de ratos idosos induzidos por D-Galactose (n mol MDA/mg de tecido).**

| Sr.No. | Study groups | Testis | Epididymis | Statistical significance<br>Testis Epididymis |
|---|---|---|---|---|
| 1 | Control (5) | 8.53±0.328 | 8.53±0.437 | 1:2<br>53.20        31.03<br>P<0.001    p<0.001 |
| 2 | DG(5) | 20.4±0.376 | 17.30±0.456 | 2:3<br>22.70       11.23,<br>p<0.001    p<0.001 |
| 3 | DG + P (5) | 14.42±0.455 | 14.68±0.256 | 2:4<br>38.33       27.11<br>p<0.001    p<0.001 |
| 4 | DG + L (5) | 11.30±0.376 | 11.249±0.20- | 2:5<br>39.40       25.44<br>p<0.001    p<0.001 |
| 5 | DG + B (5) | 9.172±0.515 | 8.942±0.576 | |

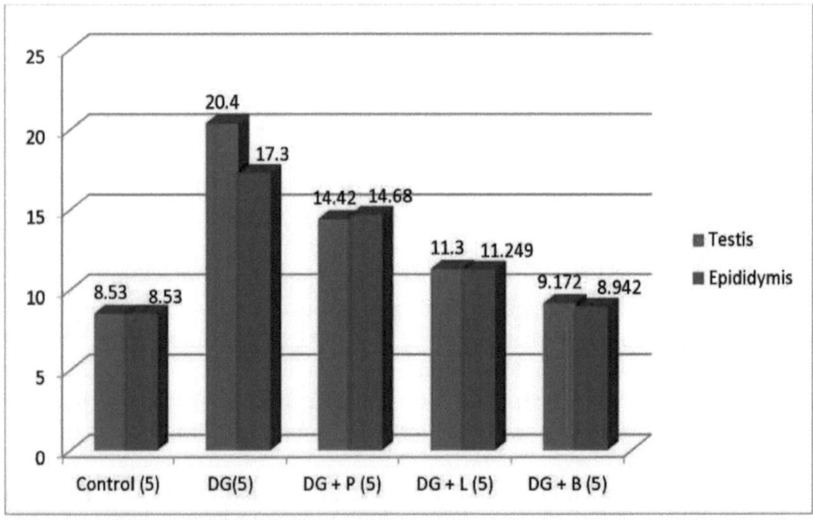


O número entre parêntesis indica o número de animais.

Os valores são a Média±S.D. p<0,001 altamente significativo,

DG (grupo injetado com D-galactose),

DG + P (grupo injetado com D-galactose + Petroselinum crispum),

DG + L (grupo injetado com D-galactose + Lactuca sativa) e

DG + B (grupo D-galactose + Bacopa monniera injetado).

**Tabela No. 4 Efeito de vários extractos de plantas na peroxidação mitocondrial do testículo e epidídimo de ratos injectados com DGalactose (nmol MDA/mg tecido).**

| Sr.No. | Study groups | Testis | Epididymis | Statistical significance    Testis Epididymis | |
|---|---|---|---|---|---|
| 1 | Control (5) | 3.4584±0.0047 | 3.3264±0.1897 | | |
| 2 | DG(5) | 6.2338±0.0951 | 5.1534±0.0519 | 26.07    1:2 p<0001 | 20.65 p<0001 |
| 3 | DG + P (5) | 1.2965±0.1105 | 1.8696±0.1311 | 75.78    2:3 p<0001 | 52.0? p<0001 |
| 4 | DG + L (5) | 1.2182±0.1033 | 1.2162±0.0963 | 79.9 3    2:4 p<0001 | 80.53 p<0001 |
| 5 | DG + B (5) | 0.6104±0.0367 | 1.3959±0.149 | 123.48 2:5 p<0001 | 53.28 p<0001 |

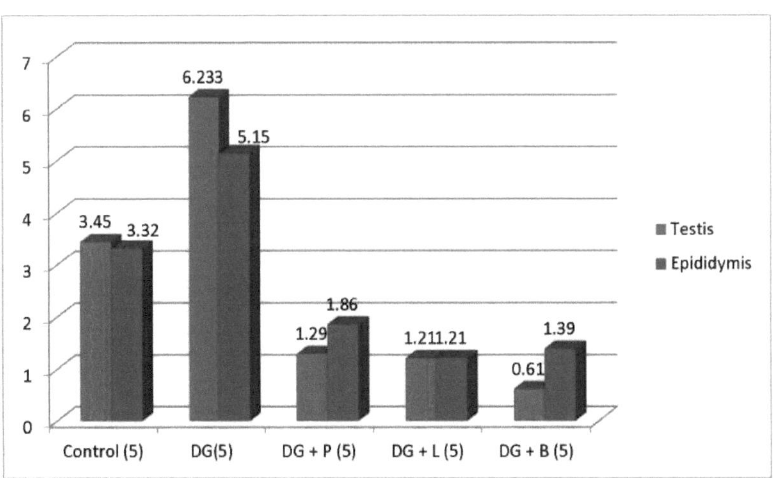


O número entre parêntesis indica o número de animais.

Os valores são a Média±S.D. p<0,001 altamente significativo,

DG (grupo injetado com D-galactose),

DG + P (D-galactose + grupo injetado com Petroselinum crispum), DG + L (D-galactose + grupo injetado com Lactuca sativa) e DG + B (D-galactose + grupo injetado com Bacopa monniera).

**Tabela n.º 5 Efeito de vários extractos de plantas no produto de fluorescência do testículo e epidídimo de ratos idosos induzidos por galactose.**

| Sr.No. | Study group | Testis | Epididymis | Statistical significance Testis Epididymis |
|---|---|---|---|---|
| 1 | Control (5) | 0.014±0.0068 | 0.0138±0.0067 | 1:2<br>5.373     5.685<br>p<0.001    p<0.001 |
| 2 | DG(5) | 0.052±0.0142 | 0.0524±0.0144 | 2:3<br>5.752     5.698<br>p<0.001    p<0.001 |
| ;3 | DG p P (5) | 0.011 ±0.0035 | 0.0117±0.0024 | 2:4<br>6.529     6.541<br>p<0.001    p<0.001 |
| 4 | DG +L (5) | 0.0112±0.0007 | 0.0102±0.0012 | 2:5<br>6.751     6.696<br>p<0.001    p<0.001 |
| 5 | DG + B (5) | 0.0098±0.0007 | 0.0092±0.0012 | |

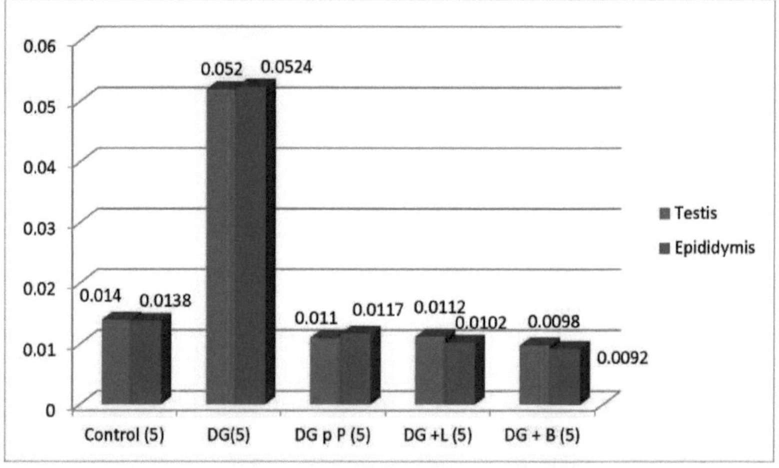


O número entre parêntesis indica o número de animais.

Os valores são a Média±S.D. p<0,001 altamente significativo,

DG (grupo injetado com D-galactose),

DG + P (D-galactose + grupo injetado com Petroselinum crispum), DG + L (D-galactose + grupo injetado com Lactuca sativa) e DG + B (D-galactose + grupo injetado com Bacopa monniera).

A galactose foi administrada no testículo e no epidídimo. Foi ainda menor do que o grupo de ratinhos tratados com extrato de P. crispum e extrato de L. sativa.

    Assim, os resultados acima indicam que a injeção de galactose aumentou o nível de MDA, bem como a fluorescência no testículo e epidídimo tratados com D-galactose. O tratamento com extrato de P. crispum, L. sativa e B. monniera diminuiu o MDA e o produto de fluorescência tanto no testículo como no epidídimo. O extrato de Bacopa administrado a ratinhos mostrou uma redução máxima da peroxidação lipídica e da fluorescência no testículo e no epidídimo.

D) **Discussão**

No presente estudo, verificou-se um aumento da peroxidação total e mitocondrial tanto no testículo como no epidídimo de ratinhos injectados com D-galactose, em comparação com os de controlo.

Song e os seus colegas (1999; 2002) relataram o efeito peroxidativo da D-galactose em ratos. Sendo um açúcar redutor, é capaz de reagir com macromoléculas como as proteínas, o ADN e os lípidos sem qualquer intervenção enzimática. Estas reacções são reacções de glicação ou reacções de Millard, e os complexos irreversíveis formados são produtos finais de glicação avançada (AGEs). A acumulação de AGEs nas células inicia a geração de mais espécies reactivas de oxigénio que levam à formação de peróxidos lipídicos (Marx, 1985). Nakamura et al (1993) demonstraram que a glicação dos ácidos nucleicos provoca mutações no ADN e altera a capacidade de replicação e transcrição. Os AGE também demonstraram contribuir para o desenvolvimento de placas ateromatosas nas artérias, doenças neurológicas, diabetes e no processo de envelhecimento (Brownlee et al, 1988; Miyata et al, 1993). Cui et al (2004) verificaram um aumento do stress oxidativo em Drosophila melanogaster e Musca domestica tratadas com galactose, que foi associado a uma redução do tempo de vida. De acordo com Ruirui et al (2003), o aumento da reação de glicação pela galactose pode ser a causa do aumento da peroxidação. Concluem ainda que ocorre senescência replicativa em células endoteliais microvasculares pulmonares de ratos devido à D-galactose.

As células de esperma são susceptíveis a danos por espécies reactivas de oxigénio devido à presença de uma grande quantidade de ácidos gordos polinsaturados localizados nas suas membranas (Alvarez et al, 1987). O aumento da peroxidação lipídica total nos testículos e epidídimos de ratinhos injectados com galactose pode dever-se à formação de AGEs. A acumulação de AGEs leva ainda à geração de ROS no tecido que, em última análise, resulta num aumento do nível de TBARS sob a forma de MDA. Os espermatozóides contêm mitocôndrias densamente compactadas em grande quantidade que estão envolvidas na produção de energia para a motilidade. Estas mitocôndrias são a principal fonte de radicais livres de oxigénio. Por outro lado, a membrana mitocondrial e o ADN também são atacados por ERO, o que faz com que as estruturas mitocondriais se desorganizem. Sabe-se que o dano oxidativo ao ADN mitocondrial ocorre em todas as células aeróbicas ricas em mitocôndrias. Além disso, a presença de altos níveis de NADPH oxidase (Aitken et al, 1997) e a atividade da glucose-6 fosfato desidrogenase (Aitken et al, 1994) leva à síntese de NADPH nos espermatozóides (Storey et al, 1998) em estreita proximidade com as mitocôndrias do esperma. Isto leva à produção de aniões superóxido e $H_2O_2$ (Holland e Storey, 1982). Todos estes eventos resultam na produção de radicais livres de oxigénio altamente tóxicos - radicais hidroxilo (Griveau e Le Lannou, 1997).

Os ratinhos tratados com D-galactose mostraram um aumento altamente significativo da peroxidação mitocondrial em ambos os órgãos, o que leva a danos e a mitocôndrias desorganizadas. Estas mitocôndrias, bem como outros produtos celulares, vão para os lisossomas. A produção excessiva de ROS aumenta a produção de peróxidos lipídicos, fazendo com que as membranas percam a sua fluidez e integridade (Reichter, 1987; Machlin e Bendich, 1987) e a acumulação de lipofuscina (Tappel, 1975; Patro etal, 1992). A sobrecarga contínua das enzimas lisossómicas, bem como a perda de integridade da membrana, tornam-nos ineficientes para desempenharem a sua função normal e tornam-se instáveis (Nakamura et al, 1989; Terman e Brunk, 2002). Esta ineficiência dos lisossomas transforma-os num pigmento irreversível e não degradável, a lipofuscina. Esta acumulação é mais acentuada nas células pós-mitóticas, como as células nervosas e os miócitos cardíacos (Donato e Sohal, 1981; Terman e Brunk, 1998; Marzabadi et al, 1992) e nos órgãos ricos em fosfolípidos e com uma renovação ativa das células. As lipofuscinas têm uma auto fluorescência caraterística geralmente utilizada para a identificação dos grânulos de lipofuscina (Patro, 1985). Esta fluorescência deve-se à presença de uma base de Schiff que pode ser extraída com solventes inorgânicos, por exemplo, clorofórmio (Wihlmark et a!, 1997).

O aumento do nível de fluorescência no testículo e no epidídimo dos ratos injectados com galactose indica a acumulação de grânulos de lipofuscina nos ratos tratados com galactose, mas os grupos que receberam extractos de plantas apresentaram uma diminuição significativa dos níveis de peroxidação e de fluorescência. Parece que o tratamento com extractos de plantas reduziu consideravelmente a peroxidação lipídica total e também a peroxidação mitocondrial e evitou a oxidação devida aos radicais livres.

Embora se tenha verificado uma redução significativa dos níveis de fluorescência nos órgãos tratados com extrato de plantas quando comparados com D-galactose, não se verificou uma diminuição notável do nível de fluorescência quando comparado com o controlo. Isto indica que o antioxidante vegetal pode não reverter os danos causados pelos radicais livres, que são a acumulação de grânulos de lipofuscina, mas não é muito verdade no caso da L. sativa. Para além do sistema de defesa natural do nosso corpo, as enzimas antioxidantes, há uma necessidade adicional de antioxidantes quando o nível de ROS aumenta para além do normal. Muitos suplementos alimentares satisfazem a necessidade de antioxidantes e ajudam a reduzir a produção excessiva de peróxidos e as doenças degenerativas relacionadas com a idade. Muitas plantas contêm propriedades antioxidantes devido à presença de flavonóides. Os glicosídeos de flavonol da quercetina, da rutina e do kaempherol encontram-se em grandes quantidades numa variedade de plantas. A caraterística mais proeminente dos flavonóides é a reatividade potencial com espécies activas de oxigénio (Rice-Evans et al,. Chen et al (1995) observaram que a quercetina, a cianidina e o kaempferol têm um potencial antioxidante quatro vezes superior ao da vitamina E. Sugeriu-se que estes glicosídeos protegem contra a incidência de enfarte do miocárdio (Gelinjinse et al, 2002), clivagem do ADN (Duthie e Dobson, 1999; Russo et al, 2000) e défices cognitivos (Mercola, 2003).

A quercetina está presente na L. sativa em quantidades muito elevadas, cerca de 38 mg/kg de peso fresco. A quercetina inibe a produção de aniões superóxido (Hanasaki et al, 1994). Tem a capacidade de cessar a formação de

radicais livres em três fases
  ❖ A formação do radical ião superóxido
    A geração de radical hidroxilo na reação de Fenton e a formação de peróxido
    lipídico (Afanas'ev *et al,* 1989) e também a desativação do radical peroxilo
    gerado a partir da homólise térmica. O elevado teor de quercetina da *L. sativa*
    pode ser útil para reduzir a[ra] formação de radicais livres através da redução
    da peroxidação total e mitocondrial nos testículos e no epidídimo. Também
    pode estar envolvido na melhoria da qualidade e quantidade de
    espermatozóides. As folhas da salsa têm um forte potencial antioxidante
    (Hermann, 1976; Mohammad, 2002) devido à presença de miristicina, apiol
    para além da quercetina. O óleo volátil de apiol induz um efeito inibidor na
    génese de tumores (Zheng *et al,* 1992). A miristicina tem actividades cardio-
    protectoras, ativa a quimio-proteção e inibe a formação de tumores (Hirano
    *et al,* 2001). A salsa também contém uma quantidade elevada de vitamina
    C, que é benéfica para o tratamento de várias doenças cardíacas (Enstrom,
    1992) e protege contra a carcinogénese (Block, 1991). *A B. monniera* também
    demonstrou possuir fortes propriedades antioxidantes (Singh e Lallan, 1980;
    Sharma *et al,* 1987; Shukla, 1987; Tripathi *et al,* 1995). Neutraliza a
    formação de radicais livres para reduzir a formação de MDA, uma vez que
    contém muitos flavonóides e aminoácidos (Bhattacharya *et al,* 2000).
    Contém os dois ingredientes activos Bacoside A & B que possuem
    actividades de eliminação de radicais livres (Chatterjee *et al,* 1965; Hou *et al,*
    2002). Comparado com *P. crispum* e *L. sativa, B. monniera* mostrou uma forte
    atividade antioxidante, nesta afirmação se os extractos de plantas são
    capazes de remover os danos dos radicais livres, ou seja, a acumulação de
    grânulos de lipofuscina não está esclarecida, mas na presente investigação
    descobrimos que o nível de fluorescência é consideravelmente reduzido nos
    órgãos como o testículo e o epidídimo de ratos tratados com *B. monniera,*
    embora não em ratos tratados com *P. crispum* e *L. sativa.*

## CAPÍTULO 5

## EFEITO DE VÁRIOS EXTRACTOS DE PLANTAS NA SEPARAÇÃO ELECTROFORÉTICA DA DESIDROGENASE LÁCTICA DO TESTÍCULO E EPIDÍDIMO DE RATOS IDOSOS INDUZIDOS POR D-GALACTOSE

### A) INTRODUÇÃO

A espermatogénese dos mamíferos é um processo complexo de diferenciação celular que envolve processos citológicos e moleculares únicos que culminam na formação de espermatozóides. Milhões de espermatozóides são libertados numa ejaculação (200 a 400 milhões no homem), mas apenas um espermatozoide saudável e com a estrutura mais adequada pode chegar ao local de fertilização e fertilizar o óvulo. Assim, para ver a eficácia da espermatogénese, deve ser dada especial ênfase às enzimas e proteínas que aparecem durante a espermatogénese dos mamíferos e que são únicas para os espermatozóides. Isto pode ser melhor visto com a lactato desidrogenase (LDH) (Xue e Goldberg, 2000). É uma enzima celular específica da espermatogénese e dos espermatozóides do homem e dos animais (Sevriukov e Evseev, 1994). Os estudos efectuados em ratos mostraram uma diminuição gradual da LDH, mais especificamente da isozima M4, durante o envelhecimento (Singh e Kanungo, 1968). A LDH é mais eficaz na produção de energia através da glicólise em condições anaeróbias, uma vez que converte mais rapidamente o ácido pirúvico em ácido lático. Assim, a diminuição da M4-LDH é responsável pela maior frequência de lesões no coração e no cérebro na velhice (Singh e Kanungo, 1968). A isozima LDH tem sido objeto de atenção, uma vez que é exclusiva dos espermatócitos paquítenos, espermátides e espermatozóides maduros (Gavella et al, 1998). O tecido testicular humano adulto contém até cinco isozimas de LDH. Para além das cinco isozimas, a sexta isozima encontrada nas células espermatogénicas e nos espermatozóides é a LDH-X. Mas esta LDH-X não foi encontrada no líquido seminal ou no soro (Skude et al, 1984). Esta enzima não se encontra apenas nas células germinativas, mas também nas células da linha gametogénica do rato, desde o espermatócito primário do paquíteno até ao espermatozoide (Meistrich et al, 1977). O aparecimento de LDH-X no plasma seminal tem sido postulado como um sinal de fuga dos espermatozóides ou das suas células precursoras (Gerez de Burgos et al, 1979; Gavella et al, 1982; Gavella e Cvitkovic, 1985 e Orlando et al, 1988). A LDH-X é uma das isoenzimas específicas das células germinativas mais bem caracterizadas (Pan et al, 1983), que desempenha um papel importante no processo de espermatogénese e demonstrou ser vital para a sobrevivência e motilidade dos espermatozóides. LDH-X é sintetizada no testículo durante a maturação sexual; predominantemente está presente em espermatozóides maduros (Zinkhar.i, et al, 1964).

O presente estudo foi concebido para observar o efeito da D-galactose e de vários extractos alcoólicos de plantas (P. crispum, L sativa e B. monniera), juntamente com ratinhos que receberam D-galactose, na separação electroforética da LDH do testículo e do epidídimo. Para descobrir que extrato de planta é mais eficaz na apresentação de todas as formas isoenzimáticas da LDH. Como descrito acima, a LDH-X é uma das isoenzimas da LDH que é ativa e abundante durante a espermatogénese.

## B) Material e métodos

Foram selecionados ratos adultos machos e agrupados conforme referido no capítulo II. Os testículos e epidídimos dos cinco grupos foram utilizados para a separação electroforética das isozimas da LDH. Esta separação electroforética foi conseguida utilizando um gel de poliacrilamida a 5% (5% PAG) preparado em tampão de gel de separação (pH 7,5). Os homogenatos dos tecidos foram preparados em água bidestilada com uma concentração de 25 mg/ml. Os homogenatos uniformes foram centrifugados a 5000 rpm durante 10 min. a 10°C. Os sobrenadantes foram utilizados para a preparação do corante de amostra. Continha 1 ml de sobrenadante + 50 mg de sacarose + 0,3 ml de glicerol + 0,001 % de azul de bromofenol. 20 pi de corante de amostra carregado no cátodo para uma única barra de gel. A montagem foi mantida a 150 mV e 2 mA de corrente/haste.

Os géis foram lavados com água bidestilada e imersos na mistura de coloração contendo

1) Substrato tamponado 1 M em tampão fosfato M/15 (Lactato de sódio)
2) Boehringer Ingclheim, lote n.º 665603.
3) 1 mg de nitroblue tetrazolium (NBT/ml) em água destilada,
4) 1 mg de metosulfato de fenazina (PMS)/ml de água destilada e 10 mg de NAD+

A solução de trabalho contém 1 ml de substrato tamponado, 3 ml de NBT, 0,14 ml de PMS, 1 ml de tampão LDH e 10 mg de NAD+ para um único tubo de gel. Os géis foram incubados a 37°C na mistura de coloração até à resolução das bandas. Os géis foram lavados com ácido acético a 10% e armazenados em ácido acético a 7%.

## C) Resultados

A separação electroforética das isozimas da LDH do testículo e do epidídimo é apresentada nas placas n.º 3 e 4, respetivamente. A LDH foi separada em 6 bandas tanto no testículo como no epidídimo do grupo de controlo. Estas bandas correspondem a LDH-I, LDH-n, LDH-1II, LDH-IV, LDH-V e LDH-X do ânodo ao cátodo do gel. A LDH-X é um marcador de espermatogénese ativa. Todas as seis isozimas estavam claramente separadas no testículo do grupo de controlo (Placa n.º 3) e no epidídimo (Placa n.º 4). Nos testículos de ratinhos injectados com galactose, apenas duas bandas foram separadas, LDH-I e LDH-IV, e as restantes isozimas não foram separadas. No testículo do grupo tratado com D-galactose +P. crispum foram observadas seis bandas proeminentes de isozimas, das quais a LDH-X era muito nítida. O extrato de L sativa, juntamente com o grupo tratado com D-galactose, também mostrou uma separação da LDH em seis bandas. Mas os ratinhos que receberam o extrato de B. monniera juntamente com D-galactose mostraram ausência de LDH-n e LDH-III, ao passo que LDH-I, LDH-IV. LDH-V e LDH-X foram marcadas de forma proeminente.

Assim, a LDH-X, que desapareceu completamente em ratos injectados com galactose, foi acentuadamente observada nos testículos de ratos tratados com extractos etanólicos de P. crispum, L. sativa e B. monniera.

No epidídimo do grupo de controlo, foram separadas seis isozimas de LDH, das quais a LDH-IV era mais proeminente no epidídimo do que no testículo. O epidídimo dos ratinhos alimentados com galactose apenas apresentou LDH-1 e V, enquanto as restantes isozimas não foram separadas. Os epidídimos dos extractos de salsa e dos animais tratados com D-galactose apresentaram todas as isoenzimas, tal como se verificou no grupo de ratinhos tratados com Lactuca sativa e alimentados com galactose. O extrato de Bacopa monniera, juntamente com o grupo alimentado com D-galactose, mostrou a ausência de LDH-II e LDH-III no epidídimo, tal como se verificou no testículo.

Assim, nos testículos tratados com galactose, as isozimas LDH desapareceram, mas reapareceram no grupo tratado com extrato de planta, apenas as LDH-II e III não reapareceram no grupo tratado com Bacopa monniera. Mas a LDH-X reapareceu em ambos os testículos e epidídimos, o que indica uma espermatogénese normal.

**D) Discussão**

O stress oxidativo é um dos principais factores causadores da infertilidade masculina (Aitken e Krausz, 2001; Koksal et al, 2003). Os espermatozóides são muito propensos a danos oxidativos ou a ataques de radicais livres, o que pode dificultar a espermatogénese. Embora os antioxidantes naturais, como a glutationa peroxidase, a superóxido dismutase, etc., estejam presentes no plasma seminal, pensa-se que a sua origem seja a próstata (Yeung et al, 1998).

A LDH-X é uma forma única de LDH encontrada no epitélio germinal durante a espermatogénese (Vogelzang et al, 1982). A LDH-X desempenha um papel essencial no metabolismo dos espermatozóides e está envolvida no processo específico destas células que geram energia para a sua sobrevivência, diferenciação e motilidade (Blanco, 1980).

Os resultados deste estudo mostram que o grupo de controlo de ratinhos tem cinco bandas regulares, bem como uma sexta banda adicional, LDH-X, que indica espermatogénese normal e número de espermatozóides no testículo e no epidídimo, respetivamente. Mas o mesmo não se verificou no grupo alimentado com D-galactose, onde se verificou o desaparecimento da maioria das isoenzimas da LDH, incluindo a LDH-X, em comparação com o grupo de controlo. Estas observações indicam que, especialmente a isoenzima LDH-X, que é específica dos espermatozóides (Butrimovitx et al, 1983), diminuiu significativamente no grupo tratado com D-galactose devido ao stress oxidativo. Ruirui et al (2003), Cui et al (2004) e Wang et al (2004) relataram efeitos anormais da D-galactose em vários organismos. A D-galactose induziu stress oxidativo em Musca domestica e Drosophila melanogaster, o que foi demonstrado pelo aumento do nível de MDA, pela diminuição do nível de enzimas antioxidantes e pelo encurtamento da vida destes organismos.

Resultados de investigações recentes sugeriram também um efeito semelhante do stress na atividade da isozima LDH-X. De acordo com Pone et al (2001), a luz constante induziu uma redução significativa das isoenzimas da LDH, incluindo a LDH-C4, ou seja, a LDH-X no epidídimo caput e cauda. O stress da iluminação constante perturba a síntese e a secreção de melatonina, o que, por sua vez, resulta numa diminuição das contracções peristálticas, levando a um aumento da quantidade de espermatozóides armazenados, tanto no epidídimo da cauda como no da cabeça. Alguns estudos indicaram que, condições tóxicas como o cancro (Vogelzang et al, 1982), afectaram a atividade da LDH-X no testículo (Reader et al 1991). A elevada taxa de mitose e as várias fases da meiose no túbulo seminífero expõem o cromossoma da célula germinal à influência potencialmente prejudicial dos radicais livres no ambiente local, criando assim a necessidade de um sistema antioxidante eficaz (Oldereid et al, 1998).

Vários estudos demonstraram a presença de antioxidantes enzimáticos como a catalase, a superóxido dismutase e a glutationa peroxidase no sémen humano (Alvarezx et al, 1987; Juelin et al, 1989 e Kobayashi et al, 1991). Para além destes sistemas enzimáticos, foram encontrados no sémen humano outros compostos com propriedades antioxidantes, como a albumina (Halllwell e Outteridge, 1987), a taurina e a hipotaurina (Alvarez e Storey, 1983), o piruvato (de Lamirande e Gagnon, 1992), o urato (Gerootveldt e Halliwell, 987) e as vitaminas E e C (Chow, 1991; Thile et al, 1995), que desempenham um papel importante na proteção dos tecidos contra o ataque dos radicais livres.

Os investigadores também indicaram que o nível de SOD nos espermatozóides está positivamente correlacionado com a motilidade dos espermatozóides (Li, 1975). A catalase também previne os danos causados pelas ROS e foi encontrada tanto nos espermatozóides como no plasma seminal (Dandekar et al, 2002). Além disso, a glutationa peroxidase e a glutationa redutase podem atuar como enzimas antioxidantes envolvidas na inibição da peroxidação lipídica do esperma (Lenzi et al, 1994). A albumina usada em procedimentos de lavagem de esperma, provavelmente serve como um antioxidante fornecendo grupos tiol necessários para a atividade antioxidante de "quebra de cadeia" (Ernster, 1993). As vitaminas E e C também protegem os espermatozóides contra danos endógenos oxidativos no DNA e nas membranas (Sikka, 1996).

A discussão acima sugere que o sistema de defesa antioxidante natural presente no sémen ajuda a reduzir os danos oxidativos dos espermatozóides, mas quando o equilíbrio entre o sistema de defesa antioxidante e a formação de radicais livres é perturbado, afecta o processo de espermatogénese, levando à infertilidade. Há muitos homens que sofrem de oligospermia e de outras perturbações da espermatogénese. Em alguns homens, a inibição da espermatogénese ocorre antes do que se esperava na velhice. Existe uma correlação entre uma vida reprodutiva boa, saudável e ativa e a idade precoce. Se esta correlação for perturbada, surgem perturbações reprodutivas e outros problemas de saúde. Esta correlação também é perturbada na velhice. Para o evitar, é essencial a utilização de antioxidantes externos. Uma variedade de fitoquímicos actua como antioxidantes que quebram as reacções em cadeia responsáveis pela geração de radicais livres nas células. Os fitoquímicos mais estudados são os carotenóides e os flavonóides. Os flavonóides, como a quercetina, podem ajudar a retardar a lesão oxidante e a morte celular, eliminando os radicais livres de oxigénio (Bors et al, 1990; Jovanoic et al, 1994) e protegendo as células da peroxidação lipídica (Laughton et al, 1991; Dechameux et al, 1992). A quercetina demonstrou inibir significativamente a peroxidação lipídica dependente do ferro e tem a capacidade de suprimir os processos prejudiciais dos radicais livres (Afanas'ev et al, 1989).

A salsa é considerada uma das maiores fontes de glicosídeos de flavonol (Kreuzaler e Hahlbrock, 1973), incluindo quercetina, apiina, luteolina e apigenina. De acordo com Hirano et al (2001) e Mohammad (2002), o P. crispum tem fortes propriedades antioxidantes, uma vez que contém glicosídeos de quercetina e miristicina. A separação electroforética da banda LDH-X no grupo de ratinhos tratados com extrato de P. crispum indica que o P. crispum tem o potencial de reduzir os danos oxidativos induzidos pela D-galactose no testículo e mostrou uma espermatogénese normal. A partir dos resultados acima referidos, parece que o extrato de P. crispum é potente na minimização do efeito peroxidativo da D-galactose na produção de peróxidos lipídicos e das suas consequências no testículo e no epidídimo. A isoenzima LDH-X, o marcador da espermatogénese ativa, foi observada de forma proeminente no tratamento com P. crispum, o que demonstra uma espermatogénese eficaz.

L. sativa, uma das plantas ricas em flavonóides. A L. sativa contém 38 mg de quercetina/kg de peso fresco (Bilyk e Sapers, 1985). A ingestão alimentar de quercetina, Kaempferol e miristicina foi sugerida como protetora contra a incidência de enfarte do miocárdio (Geleijnse et al, 2002). Foi demonstrado que os flavonóides, sobretudo a quercetina, inibem a oxidação das lipoproteínas de baixa densidade, prevenindo assim várias doenças cardíacas (Candish e Das, 1996). A quercetina pode ajudar a retardar a lesão oxidante e a morte celular, eliminando os radicais livres de oxigénio (Bors et al, 1990; Jovanoic et al, 1994).

A presente investigação mostra que a D-Galactose afecta a espermatogénese e diminui a contagem de espermatozóides, resultando no desaparecimento da isoenzima LDH-X. Mas a LDH-X reapareceu de forma acentuada quando o extrato de L. sativa foi administrado juntamente com D-galactose.

O extrato de folha de B. monniera também foi eficaz, onde a banda LDH-X reapareceu. No capítulo anterior, também mostrámos um aumento na contagem de espermatozóides em ratos administrados com B. monniera juntamente com galactose. Singh e Lallan (1980); Sharma et al (1987); Shukla (1987); Singh et al (1988); Jain e Kulshreshta (1993); Rastogi et al (1994); Tripathi et al (1996); Vaidya (1997); Kittani et al (1998); Murayama et al (1999); Vohora et al (2000) e Staugh et al (2002) mostraram que a B. monniera tem propriedades antioxidantes. Contém uma variedade de flavonóides e aminoácidos (Bhattacharya et al 2000) reduz a fadiga mental, melhorando a retenção da aprendizagem para aumentar a inteligência, a longevidade e a circulação no cérebro. A Brahmi é atualmente reconhecida como sendo eficaz nas doenças mentais e na melhoria da memória (Satyawati, 1995). Basu et al (1967), Chatterjee et al, (1992), Dhawan (1995) e Raj e Shalini Kapoor (1999), mostraram que a utilização de Brahmi nos cuidados de saúde para perturbações mentais como ansiedade, intelecto fraco e falta de concentração.

A literatura sobre a B. monniera indica que esta contém uma grande quantidade de propriedades antioxidantes contra os danos oxidativos e é utilizada contra várias doenças e perturbações. No entanto, até à data, não foram realizados trabalhos para verificar o efeito da Bacopa monniera nos órgãos reprodutores, como os testículos e o epidídimo, que são propensos a sofrer danos oxidativos devido à intensa renovação das células e ao metabolismo dos fosfolípidos. Os fosfolípidos são o alvo imediato dos radicais livres. Em caso de peroxidação lipídica extensa, há danos extensos nos testículos. Como resultado, o efeito imediato foi a redução da contagem de espermatozóides e do isozyme LDH-X presente nas células espermatogénicas.

A administração de B. monniera juntamente com galactose resultou na resolução da isoenzima LDH-X que se perdeu na D-galactose induzida tanto no testículo como no epidídimo, bem como no aumento da contagem de espermatozóides. Isto indica claramente que a B. monniera também melhora o processo de espermatogénese.

Quando a separação electroforética de LDH-X e a contagem de espermatozóides no testículo e epidídimo do grupo administrado com extrato de planta foram comparadas, a administração de B. monniera deu uma recuperação muito promissora do stress oxidativo induzido pela galactose.

# CAPÍTULO 6

## EFEITO DE VÁRIOS EXTRACTOS DE PLANTAS NO CONTEÚDO DE FOSFOLÍPIDOS DO TESTÍCULO E EPIDÍDIMO DE RATOS IDOSOS INDUZIDOS POR D-GALACTOSE.

### A) introdução

Os lípidos são os principais constituintes presentes nos testículos de mamíferos, responsáveis pela fluidez das bicamadas lipídicas das membranas. A composição específica dos fosfolípidos e uma concentração significativa de ácidos gordos polinsaturados (PUFA) estão presentes nas membranas dos espermatozóides (Lenzi et al, 2000). A composição lipídica da membrana plasmática dos espermatozóides é marcadamente diferente das outras células somáticas (Mack et al, 1986). As células espermáticas sofrem alterações no conteúdo lipídico durante a sua passagem pelo epidídimo (Tesarik e Felchon, 1986; Benoff, 1993; Yeagle, 1994; Aveldano et al, 1992). Estes lípidos estão envolvidos na regulação da espermatogénese (Haidl e Opper, 1997; Ollero etal, 2000), como intermediários na fusão celular (Schlegel et al, 1986; Paltacy, 1994), influenciam a taxa de capacitação (Kotwicka et al, 2002) e desempenham um papel importante na reação do acrossoma e na fertilização (Zaneveld et al, 1991; Schroeder et al, 1991).

Um dos componentes fosfolípidos importantes encontrados nos espermatozóides é a fosfatidil serina. Encontra-se principalmente na peça intermédia, bem como na região acrossómica (Kotwicka et al, 2002). Hinkovska et al (1986) demonstraram que a fosfatidil serina está localizada na esfingomielina, que influencia a taxa de capacitação (Cross, 2000). Alvarez e Storey (1995) relataram que 20 n mol de esfingomielina/$10^8$ células estão presentes A lisosfosfatidil-colina estimula a capacidade de fertilização dos espermatozóides e induz as mudanças na composição da zona pelúcida promovendo a fusão espermatozoide-ovo (Riffo e Parraga, 1997).

A fosfatidilcolina contém uma grande quantidade de ácidos gordos polinsaturados (Hinkovska et al, 1986). Para além destes componentes fosfolípidos e ácidos gordos polinsaturados, outro importante PUFA encontrado na membrana do esperma é o ácido docosahexanóico (DHA). Pensa-se que este desempenha um papel importante na regulação da fluidez da membrana do esperma e na regulação da espermatogénese (Hall et al, 1991). O conteúdo de DHA é muito alto nas células germinativas imaturas em comparação com as células espermáticas maduras; indica uma diminuição líquida no conteúdo de DHA durante o processo de maturação do esperma (Ollero et al, 2000). Como o DHA, o colesterol também contribui para regular a fluidez e a permeabilidade da membrana. O efluxo de colesterol durante a capacitação permite a influência do $ca^{2+}$ extracelular que desempenha um papel importante na reação do acrossoma (Langliais et al, 1981). Foi demonstrado por Maritnez e Morros (1996) que a proporção de fosfolípidos de colesterol nos espermatozóides é cerca de um, o que parece ser importante na capacitação.

Assim, todos os componentes lipídicos do testículo, bem como os espermatozóides, estão envolvidos na regulação da maturação dos espermatozóides, espermatogénese, capacitação, reação de acrossoma e, eventualmente, na fusão das membranas. Os espermatozóides utilizam as vias metabólicas lipídicas para a produção de parte da sua energia e, devido à presença de um nível tão elevado de ácidos gordos polinsaturados, os testículos e os espermatozóides são muito susceptíveis ao ataque de ROS (Dandekar et al, 2002; Sanocka e Kurpisz, 2004). Muitos relatórios indicam que os espermatozóides de mamíferos são capazes de gerar ROS (Aitken et al, 1989; Ford, 2004; Kaur e Bansal, 2004). A produção excessiva de ROS resulta numa rápida degradação peroxidativa dos fosfolípidos e ácidos gordos do esperma, sendo os mais fortemente afectados a fosfatidil etanolamina (Dillard e Tappel, 1973), os plasmalogénios de etanolamina e o ácido docosahexanóico (Jones et al, 1979). Os peróxidos lipídicos provocam obviamente uma perturbação do funcionamento das membranas, uma diminuição da fluidez, a inativação de receptores e enzimas ligados às membranas (Sanocka e Kurpisz, 2004).

Na presente investigação, foi injectada D-galactose, um açúcar redutor, em ratos para gerar stress oxidativo (Song et.al, 1999) e para descobrir o efeito do stress oxidativo nos fosfolípidos do testículo e do epidídimo. O stress oxidativo pode ser minimizado através da utilização de antioxidantes e do controlo da dieta, que impedem a produção excessiva de ROS e dificultam os seus efeitos deletérios nos fosfolípidos, prevenindo a peroxidação lipídica.

No presente trabalho, o co-tratamento de extractos de Petroselinum crispum, Lactuca sativa e Bacopa monniera foi incluído para estudar as suas actividades antioxidantes para lutar contra o stress oxidativo induzido.

## B) Material e métodos

Foram utilizados ratos machos (Mus musculus) para a presente investigação. Os animais com cinco a seis meses de idade e pesando cerca de 50 ± 2 g foram selecionados e agrupados como controlo, D-galactose injectada, extrato de P. crispum administrado juntamente com D-galactose, L. sativa tratada juntamente com D-galactose e extrato de B. monniera juntamente com D-galactose injectada. Cada grupo continha cinco animais. Após a conclusão das respectivas dosagens, os animais foram sacrificados por deslocamento cervical e os seus testículos e epidídimos foram retirados para o estudo do teor de fosfolípidos.

### • Métodos

O peso conhecido dos testículos e do epidídimo foi homogeneizado numa mistura de 20 volumes de clorofórmio: metanol (2:1 v/v) para extrair os lípidos destes órgãos (Bligh e Dyer, 1988). Os lípidos extraídos foram devidamente processados, pesados e utilizados para o estudo dos fosfolípidos,

### i) Cromatografia em camada fina

Para a separação cromatográfica em camada fina dos fosfolípidos, foram preparadas placas neutras de sílica gel-H [(cerca de 200 mesh sem aglutinante) (20x20 cm)]. As placas foram activadas por aquecimento na estufa a 100-115°C durante 60 minutos e utilizadas. Uma quantidade conhecida de lípidos extraídos dos tecidos foi dissolvida em clorofórmio e aplicada (200-500pg) nas placas com uma microsseringa Hamilton a cerca de 2-3 cm do fundo das placas, juntamente com uma mistura de lípidos de referência. As placas foram reveladas num sistema de solventes contendo uma mistura de clorofórmio: metanol: amoníaco (115:45:7,5 v/v).

A deteção de fosfolípidos em placas secas foi efectuada expondo as placas aos vapores de iodo numa câmara de vidro,

ii) **Análise quantitativa dos fosfolípidos**

Cada fosfolípido separado cromatograficamente foi eluído no solvente de eluição por agitação vigorosa. As duas primeiras eluições foram efectuadas em clorofórmio: metanol: ácido acético: água (100:50:10:4 v/v) e a seguinte em metanol: ácido acético: água (94:1:5 v/v). As suspensões assim obtidas foram colocadas em frascos de digestão.

• **Determinação do fósforo (Bartlett, 1959; Marinetti, 1962)**

As amostras foram evaporadas aproximadamente a 2 ml antes da digestão. A digestão foi efectuada com 0,9 ml de ácido perclórico a 70 % durante 15 minutos numa chama de gás média. Após arrefecimento, foram adicionados 7 ml de água destilada, 1,5 ml de molibdato de amónio a 2,5 % e 0,2 ml de reagente de aminonaftol. As amostras foram aquecidas num banho de água a ferver durante 7 minutos, arrefecidas e lidas a 830 nm, juntamente com o branco e o padrão.

• **Cálculo**

Os valores dos fosfolípidos foram calculados em termos de mg/gm de peso húmido de tecido, multiplicando os valores de fósforo por 25.

C) **Resultados**

A separação dos fosfolípidos testiculares e epididimários por cromatografia em camada fina é apresentada na placa n.º. 5 & 6 de todos os grupos de estudo (Controlo, D-galactose, D-galactose + P. crispum, D-galactose + L. sativa e D-galactose +B. monniera). Os fosfolípidos foram separados em sete componentes: fosfatidil-inositol (PI), lisofosfatidil-colina (LPC), esfingomielina (SG), fosfatidilserina (PS), fosfatidilcolina (PC), fosfatidil-etanolamina (PE) e ácido fosfatídico (PA), da base para o topo da placa de gel de sílica, tanto no testículo como no epidídimo do grupo de controlo.

Nos testículos de ratinhos tratados com galactose, foram observados apenas três componentes, PI, LPC e PC. O PE foi observado desfocado. Os restos dos componentes não foram resolvidos corretamente. No epidídimo de ratinhos injectados com galactose, não foi observada uma separação clara de todos os componentes. Os testículos do grupo administrado com extrato de P. crispum mostraram uma separação dos componentes, ou seja, PI, LPC, PC, PS e PA, observados de forma proeminente em comparação com o grupo tratado com D-galactose. O epidídimo também mostrou a separação destes componentes.

No grupo tratado com L sativa, os testículos mostraram o aparecimento de todos os componentes dos fosfolípidos, ao passo que no epidídimo, a mancha de PC foi mais proeminente. Nos testículos de ratinhos tratados com extrato de B. monniera, verificou-se que todos os sete componentes dos fosfolípidos foram claramente resolvidos, dos quais PI, LPC, SPG e PC estavam escurecidos. No epidídimo, os SPG, PS, PC e PE também eram mais proeminentes.

Embora, em todos os testículos e epidídimos tratados com o extrato da planta, os sete componentes fosfolípidos tenham sido observados claramente, os tecidos tratados com o extrato de B. monniera (testículos e epidídimos) mostraram maior proeminência na sua separação. Análise quantitativa de fosfolípidos O conteúdo total de fosfolípidos (mg/gm de peso dos tecidos) é descrito na tabela n.º 6 e apresentado no gráfico n.º 10. 6 e apresentado nos gráficos n.º 10 e 11 no testículo e epidídimo, respetivamente.

Os fosfolípidos diminuíram significativamente (p<0,001) tanto no testículo (Gráfico n.º 10) como no epidídimo (Gráfico n.º 11) após a injeção de D-galactose, em comparação com os valores normais. Observou-se que, nos ratos administrados com extrato de P. crispum, os fosfolípidos totais aumentaram no testículo e no epidídimo.

**Tabela n.º 6: Efeito de vários extractos de plantas no teor total de fosfolípidos do testículo e epidídimo de M\c" injectados com D-Galactose (mg/gm de peso húmido de tecido).**

| Sr. No. | Study groups | Testis | Epididymis | Statistical significance Testis Epididymis | |
|---|---|---|---|---|---|
| 1 | Control (5) | 2.375±0.0036 | 3.21±0.084 | 1:2 423.4 p<0.001 | 24.38 p<0.001 |
| 2 | DG (5) | 1.009±0.0063 | 1.86±0.091 | 2:3 244.19 p<0.001 | 19.09 p<0.001 |
| 3 | DG + P (5) | 1.982±0.0065 | 2.99±0.078 | 2:4 282.84 p<0.001 | 30.39 p<0.001 |
| 4 | DG + L (5) | 2.136±0.0063 | 3.10±0.007 | 2:5 301.29 p<0.001 | 32.23 p<0.001 |
| 5 | DG g B (5) | 2.362±0.0077 | 3.173±0.0045 | | |

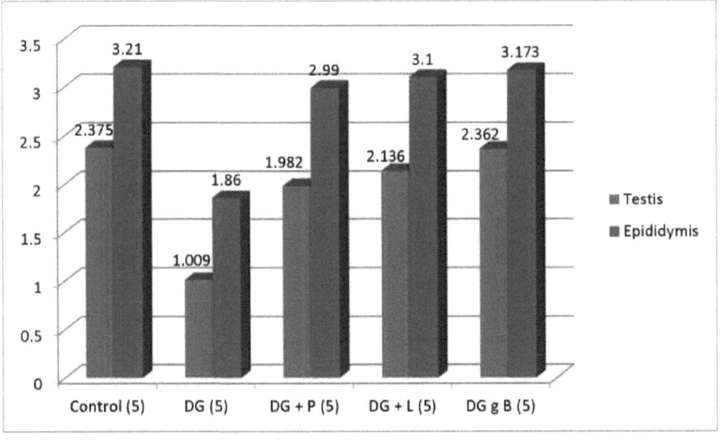


O número entre parêntesis indica o número de animais.

Os valores são a Média±S.D. p<0,001 altamente significativo,

DG (grupo injetado com D-galactose),

DG + P (D-galactose + grupo injetado com Petroselinum crispum), DG + L (D-galactose + grupo injetado com Lactuca sativa) e DG + B (D-galactose + grupo injetado com Bacopa monniera).

epidídimo. Este aumento foi altamente significativo em ambos os órgãos em comparação com o grupo injetado com galactose.

O grupo administrado com extrato de L sativa mostrou um aumento no nível de fosfolípidos totais. Foi de 2,13640,0063 no testículo e 3,10±0,007 no epidídimo. O teor mais elevado de fosfolípidos foi observado no testículo e no epidídimo de ratos que receberam extrato de B. monniera entre os três grupos tratados com extractos de plantas. Estes valores foram significativamente superiores aos do grupo tratado com galactose (p<0,00).

As tabelas no. 7 e 8 descrevem as alterações nos componentes individuais dos fosfolípidos no testículo e no epidídimo. A partir da tabela, é evidente que o LPC estava presente na maior concentração (0,62940:0050), enquanto o SPG (0,43840,012) e o PS (0,42940,0072) estavam presentes em quantidade moderada no testículo. No epidídimo, o SPG (1,39840,0076) e o PS (1,03640,046) estavam presentes em maior concentração. A PA foi observada em menor concentração nos testículos (0,11040,0075) e no epidídimo (0,0,03740,0069).

Após a administração de D-galactose, todos os componentes apresentaram uma concentração reduzida no testículo e no epidídimo. A única exceção foi o PC (033640.0088) no testículo e o PA (0.13840.0049) no epidídimo, em comparação com o grupo de controlo.

**Tabela No. 7 (a) Efeito de vários extractos de plantas nos componentes fosfolipídicos dos testículos de ratos injectados com D-galactose (mg/gm de tecido).**

| PL compo | Control | DG | DG + P | DG + L | DG + B |
|---|---|---|---|---|---|
| 1 PI | 0.121±0.0084 | 0.112±.00087 | 0.263±0,013 | 0.211 ±0.0058 | 0.376±0.006 3 |
| LPC | 0.629±0.0050 | 0.211 ±0.0098 | 0.126±0.012 | 0.343±0.008 8 | 0.399±0.005 7 |
| SPG | 0.428±0.012 | 0.202±0.0086 | 0.259±0.026 | 0.421 ±0.0074 | 0.416±0.006 0 |
| PS | 0.429±0.0072 | 0.020±0.013 | 0.591±0.009 2 | 0.410±0.010 | 0.386±0.004 8 |
| PC | 0.329±0.0076 | 0.336±0.0088 | 0.156±0.004 6 | 0.298±0.005 3 | 0.411 ±0.0078 |
| PE | 0.319±0.0090 | 0.064±0.0083 | 0.269±0.011 | 0.269±0.005 6 | 0.281 ±0.0056 |
| PA | 0.001 ±0.0075 | 0.064±0.0083 | 0.218±0,006 1 | 0.184±0.004 7 | 0.093±0.006 2 |

Os valores são Média±S.D.

DO (grupo injetado com D-galactose),

DG IP (D-galactose + grupo injetado com Petroselinum crispum), DG + L (D-galactose + grupo injetado com Lactuca sativa) e DG I B (D-galactose + grupo injetado com Bacopa monniera).

**Tabela nº 8 (a) Efeito de vários extractos de plantas na composição de fosfolípidos do epidídimo de ratos injectados com D-galactose (mg/gm de tecido).**

| PI components | Control | DG | DG + P | DG + L | DG +B |
|---|---|---|---|---|---|
| PI | 0.169±0.0057 | 0.150±0.0097 | 0.160±0.0059 | 0.158±0.0092 | 0.170±0.0045 |
| LPC | 0.133^0.007 | 0.116±0.005 | 0.132±0.00 | 0.139±0.00 | 0.142±0.005 |
| SPG | 1398±0.0076 | 0.921±0.0126 | 0.218^0.004 | 0.969±0.010 | 0.961 ±0.0065 |
| PS | 1.036±0.046 | 0.117±0.007 | 0.861±0.00 | 0.818±0.00 | 0.800±0.005 |
| PC | 0.316±0.0064 | 0.298^0.0076 | 0.308±0.0054 | 0.763±.0064 | 0.798±0.0062 |
| PE | 0.121^0.014 | 0.120±0.009 | 0.269±0.00 | 0.161^0.00 | 0.133±0.004 |
| PA | 0.037±0.0069 | 0.138±0.0049 | 0.042±0.0069 | 0.092±0.0060 | 0.036±0.0066 |

Os valores são expressos em Média ± S.D.

DG (grupo injetado com D-galactose),

DG | P (D-galactose + grupo injetado com Petroselinum crispum), DG + L (D-galactose + grupo injetado com Lactuca sativa) e DG + B (D-galactose + grupo injetado com Bacopa monniera).

**Tabela No. 7(b) Efeito de Vários Extractos de Plantas nos Componentes Fosfolipídicos do Testículo de Ratos Injectados com D- Galactose (mg/ gm tecido). (Significado estatístico)**

| PL componentts | N:DG | DG:DG + P | DG:DG + L | DG:DG + B |
|---|---|---|---|---|
| PI | t= 1.6741<br>JK0.001 | t= 21.70<br>p<0.001 | t= 25.66<br>p<0.001 | 55.65<br>p<0.001 |
| LPC | t= 85.83<br>p<0.001 | t= 1232<br>p<0.001 | t= 22.44<br>p<0.001 | 37.15<br>p<0.001 |
| SPG | t= 34.35<br>p<0.001 | t= 14.30<br>p<0.001 | t= 43.28<br>p<0.001 | 45.72<br>p<0.001 |
| PS | t=61.58<br>p<0.001 | t= 82.07<br>p<0.001 | ; t= 56.05<br>p<0.001 | 59.65<br>p<0.001 |
| PC | t= 1.349<br>IKO.OOI | t= 40.65<br>p<0.001 | t= 8.34<br>p<0.001 | 14.28<br>p<0.001 |
| PE | t= 46.88<br>p<0.001 | t= 33.41<br>p<0.001 | t=4630<br>p<0.001 | 49.01<br>p<0.001 |

| PA | t= 9.20 | t= 33.81 | t= 28.31 | 6.28 |
| | p<0.001 | p<0.001 | p<0.001 | p<0.001 |

p<0,001 altamente significativo DG (grupo injetado com D-galactose),

DG IP (grupo injetado com D-galactose -H Petroselinum crispum), DG + L (grupo injetado com D-galactose + Lactuca sativa) e DG E B (grupo injetado com D-galactose 1 Bacopa monniera).

**N.º 8(b) Efeito de vários extractos de plantas na composição de fosfolípidos do epidídimo de ratos injectados com D-galactose (mg/gm de tecido). (Significado estatístico)**

| PI components | N:DG | DG:DG + P | DG:DG + L | DG:DG + B |
| --- | --- | --- | --- | --- |
| PI | t=5.77 | t-1.966 | IF 1.339 | t=4.216 |
| | p<0.001 | p<0.001 | p<0.001 | p<0.001 |
| LPC | t= 27.73 | t= 4.080 | t= 6.734 | t= 7.212 |
| | p<0.001 | p<0.001 | p<0.001 | p<0.001 |
| SPG | t= 73.22 | t=5033 | t= 6.716 | t= 6.324 J |
| | 1X0.001 | 1X0.001 | p<0.001 | p<0.001 |
| PS | t= 44.70 | t= 20.89 | t= 165.4 | t= 177.03 |
| | txo.ooi | p<0.001 | p<0.0012 | p<0.001 |
| PC | t= 4.12 | t=2.43 | t= 105.0 | t= 114.57 |
| | p<0.001 | p<0.001 | p<0.0013 | p<0.001 |
| PE | t=0.05 | t= 29.82 | t= 6.823 | t= 2.665 |
| | 1X0.05 | 1X0.001 | 1KO.001 | p<0.001 |
| PA | t= 27.06 | t=2538 | t= 13.46 | t= 27.80 |
| | p<0.001 | p<0.001 | p<0.001 | p<0.001 |

p<0,001 altamente significativo p<0,05 significativo DG (grupo injetado com D-galactose), DG + P (grupo injetado com D-galactose + Petroselinum crispum), pG IL (grupo injetado com D-galactose + *Lactuca sativa*) e PG + B (grupo injetado com D-galactose + *Bacopa monniera*).

O extrato de P. crispum administrado no grupo de testículos mostrou um aumento na concentração de PI, SPG, PS, PE e PA, enquanto o resto diminuiu em comparação com o grupo de ratos alimentados com galactose. No epidídimo, os níveis de PI, LPC, PS, PC e PE aumentaram, enquanto os níveis de SPG e PA diminuíram. Os testículos do grupo injetado com extrato de L. sativa mostraram um aumento da concentração de todos os componentes, com a única exceção do PC (0298±0,0053) em comparação com o grupo D-galactose (0,336±0,0088). No epidídimo, o conteúdo de todos os componentes também aumentou (PI, LPC, SPG, PS, PC e PE), enquanto a PA apresentou um nível reduzido em comparação com o grupo alimentado com galactose.

O extrato de B. monniera tratado com testículos e epidídimos mostrou um aumento no conteúdo de todos os componentes fosfolípidos. No epidídimo, a concentração de PA (0,036±0,0066) foi reduzida do que a PA do grupo alimentado com galactose (0,138±0,0049).

A significância estatística dos componentes de cada fosfolípido foi também apresentada na tabela n.º 7(a) e 8(b). 7(a) e 8(b).

D) Discussão

Na presente investigação, observou-se que a galactose induziu alterações nos fosfolípidos dos testículos e do epidídimo, tal como no capítulo anterior; os ratos injectados com D-Galactose apresentaram uma contagem reduzida de espermatozóides e uma espermatogénese alterada.

Foi demonstrado por Zubkova e Robaire (2004) que o stress oxidativo ou a produção excessiva de ROS desempenha um papel na infertilidade e na diminuição da motilidade dos espermatozóides. Da mesma forma, Dandekar et al (2002) relataram que a peroxidação lipídica induz uma falha na expressão de fosfolípidos em espermatozóides com contagem defeituosa de espermatozóides. O excesso de geração de radicais livres envolve um erro na espermatogénese e a indução de danos no ADN no núcleo do esperma (Sanocka e Kurpisz, 2004). A perda da função espermática deve-se principalmente à peroxidação dos lípidos da membrana dos espermatozóides, especialmente dos PUFA dos fosfolípidos, em consequência da qual a membrana perde a sua fluidez e função (Aitken e Sawyer, 2003). Um dos efeitos prejudiciais do stress oxidativo é a motilidade dos espermatozóides, significativamente associada à translocação de fosfatidil serina na membrana celular dos espermatozóides (Kemal et at, 2000). O aumento na produção de MDA como um indicador de peroxidação foi encontrado para ser associado com uma diminuição significativa no PUFA dos fosfolípidos (Zalata et al, 1998). Assim, a percentagem de PUFA está correlacionada com a morfologia normal das células de esperma (Lenzi et al, 2000). Foi provado por Jones et al (1979) que, na decomposição peroxidativa rápida de fosfolípidos e ácidos gordos, os mais fortemente afectados são a fosfatidil-etanolamina, a etanolamina plasmalogénica e o ácido docosahexanóico. A perda de fosfatidiletanolamina é a mais rápida (Alvarez e Storey, 1995), uma vez que contém elevadas proporções de PUFA.

A injeção de D-galactose reduziu o conteúdo de fosfolípidos dos testículos e do epidídimo. Como já foi referido, os açúcares são capazes de reagir com macromoléculas, como lípidos, proteínas e ADN, sem qualquer intervenção enzimática. As reacções são designadas por glicação e os complexos irreversíveis formados são designados por produto final de glicação avançada [(AGE) (Song et al, 1999)]. Uma vez acumulados nas células, os AGE provocam um aumento da produção de ROS que, em última análise, resulta em stress oxidativo, o que leva à peroxidação dos lípidos das membranas (Marx, 1985). Assim, a perda de fosfolípidos nos testículos e epidídimos administrados com galactose pode dever-se a essas reacções. Embora os testículos e o plasma seminal sejam dotados de um sistema de defesa natural de enzimas antioxidantes (Jeulin et al, 1989; Potts et al, 1999; Yeung et al, 1998), a produção excessiva de ROS induz um desequilíbrio entre a produção de ROS e de antioxidantes nas células. Neste caso, surge a necessidade de antioxidantes adicionais para evitar a degeneração testicular e epididimária, que é satisfeita pelos antioxidantes. Sugere-se que os suplementos de ácido ascórbico e de ca$^2$ * têm efeitos benéficos nas funções reprodutivas (Chinoy et al, 1994). Abdel-Wahabe (2003) demonstrou o efeito protetor de um antioxidante terciário mas hidroxiquinona no stress oxidativo testicular que reduziu a contagem e a motilidade dos espermatozóides. O efeito protetor da L- carnitina e da co-enzima Q-10 também foi avaliado nas lesões testiculares dos ratos (Ramadan et al 2002).

Os fitoquímicos como a quercetina, a catequina, a rutina, etc. actuam também como antioxidantes, que quebram as reacções em cadeia dos radicais livres responsáveis pela peroxidação dos lípidos das membranas. A catequina e o alfa-tocoferol inibem a produção de peróxidos lipídicos formados devido ao ataque dos radicais livres aos fosfolípidos (Byun et al, 1994). Estes flavonóides têm a capacidade de eliminar os radicais livres e de quelatar os metais de transição (Bast et al., 1995). Outro papel é o de manter a fluidez das membranas, protegendo os lípidos. Os isoflavonóides e o seu metabolismo estão principalmente envolvidos nesta tarefa (Arora et al, 2000). O reseveratrol, um fitoquímico importante, também demonstrou oferecer proteção aos AGPI contra a peroxidação (Fremont et al, 1999). Entre os três grupos de ratos tratados com extractos de plantas no presente estudo, todos os componentes dos fosfolípidos apresentaram valores bastante iguais aos dos testículos e epidídimos de controlo do grupo tratado com B. monniera. Esta alteração foi mais proeminente nos grupos tratados com P. crispum e L sativa.

Os polifenóis ou flavonóides derivados de plantas são a quercetina e a rutina. A quercetina demonstrou possuir propriedades de eliminação do radical superóxido (Kostyuk et al, 1966). A rutina, a miristicina, a apigenina e a luteolina são os flavonóides das plantas que possuem propriedades de eliminação de radicais livres (Ross e Kasum, 2002). Estes flavonóides estão abundantemente presentes em plantas como P. crispum (Fejes et al, 1998; Zheng et al, 1992; Sasaki et al, 2003), alface, cebola, couve (Bilyk e Sapers, 198S). P. crispum e L sativa são as fontes mais ricas de quercetina. A L sativa contém cerca de 38 mg/kg de peso fresco de folhas. Pillai et al (2002) estudaram os efeitos antioxidantes da alface no cérebro.

Muitas plantas medicinais como a B. monniera (Jain e Kulshrtshtha, 1993), Withania somnifera (Vidya, 1997) possuem fortes propriedades antioxidantes. Nos países europeus, a utilização de Ginkgo biloba e Panax ginseng (Barkats et al, 1995; Lee Bars et al, 1997) está a tornar-se muito comum para tratar várias doenças mediadas pelo stress oxidativo.

Na presente investigação, a utilização de P. crispum, L sativa e B. monniera provou as suas propriedades antioxidantes ao manter um nível bastante normal de conteúdo de fosfolípidos tanto no testículo como no epidídimo.

# CAPÍTULO 7

## RESUMO E CONCLUSÃO

Resumo e conclusão

Os polifenóis derivados de plantas são glicosídeos de flavonol como a quercetina, a rutina, o kaempherol, a luteolina e a miristicina.

A salsa (Petroselinum crispum) e a alface (Lactuca sativa) são as fontes mais ricas destes glicosídeos. A planta medicinal Bacopa monniera demonstrou possuir fortes actividades antioxidantes. O efeito dos extractos alcoólicos destas três plantas nos testículos e epidídimos de ratinhos com idade induzida é estudado na presente investigação.

Os ratos adultos machos foram divididos em cinco grupos

i. Grupo de controlo - Injetado com 0,5 ml/dia de água esterilizada por via subcutânea durante 20 dias.

ii. Grupo injetado com D-galactose - Injetado com a solução de D-galactose 5% em água esterilizada, 0,5 ml/dia durante 20 dias para induzir o envelhecimento.

iii. Grupo tratado com extrato de Petroselinum crispum - Injeção de extrato de salsa 40 mg/kg de peso corporal/dia preparado em 5% de D-galactose 0,5 ml/dia por via subcutânea durante 20 dias.

iv. Grupo administrado com extrato de Lactuca sativa - Injetado com o extrato de Lactuca (40 mg/kg de peso corporal/dia) em 5% de D-galactose 0,5 ml/dia por via subcutânea durante 20 dias.

v. Grupo do extrato de Bacopa monniera: Tratados com a solução de extrato de Bacopa monniera (40 mg/kg de peso corporal/dia) em 5% de D-galactose 0,5 ml por via subcutânea durante 20 dias.

Após 20 dias de tratamento, os animais foram decapitados e os testículos e epidídimos foram retirados, devidamente pesados e utilizados para o estudo dos seguintes parâmetros:

a) Contagem de espermatozóides/epidídimo

b) Estudo histológico

c) Estimativa da peroxidação lipídica total e mitocondrial sob a forma de MDA em mol/mg de peso húmido de tecido.

d) Medição da fluorescência

e) Separação electroforética de isozimas da Lactato desidrogenase

f) Separação de fosfolípidos por cromatografia em camada fina e sua análise quantitativa.

Os resultados obtidos foram os seguintes:

i. Em comparação com o grupo de controlo, a contagem de espermatozóides diminuiu no grupo que recebeu galactose, enquanto os grupos tratados com extrato de plantas mostraram um aumento na contagem de espermatozóides do que o grupo injetado com galactose. A contagem de espermatozóides/epidídimo foi mais alta no grupo de ratos administrados com Bacopa.

ii. Estudos histológicos mostraram túbulos seminíferos desorganizados em ratos idosos induzidos por galactose com espermatócitos e células de Leydig perturbados nos testículos. O epidídimo mostrou um número reduzido de espermatozóides e um revestimento epitelial perturbado. Os grupos tratados com extractos de salsa, Lactuca e Bacopa apresentaram uma estrutura normal dos testículos e do epidídimo.

iii. A peroxidação total e mitocondrial foi significativamente aumentada em ambos os testículos e epidídimos de ratos idosos induzidos por galactose em comparação com o grupo de controlo. O nível de MDA foi observado diminuído em todos os três grupos tratados com extrato de plantas. A diminuição foi altamente significativa. A peroxidação foi mais baixa no grupo tratado com extrato de Bacopa.

iv. O nível de fluorescência aumentou significativamente após a injeção de galactose nos ratos. Foi observada uma redução significativa do nível de fluorescência nos grupos administrados com Salsa, Lactuca e Bacopa, em comparação com o grupo de ratinhos injetados com galactose.

v. A separação electroforética da LDH revelou seis isozimas proeminentes nos testículos do epidídimo do grupo de controlo, sendo a LDH-X a mais importante, designada como marcador de espermatogénese ativa. Desapareceu completamente no grupo tratado com galactose, ao passo que na planta esta isozima indica espermatogénese ativa,

vi. A separação dos fosfolípidos por cromatografia em camada fina mostrou sete pontos separados de componentes de fosfolípidos nos testículos e epidídimos do grupo de controlo. Todas as manchas não foram observadas nos tecidos do grupo injetado com galactose. Os testículos e epidídimos do grupo tratado com extrato de plantas mostraram uma resolução da maioria dos componentes fosfolípidos.

Os fosfolípidos totais diminuíram significativamente após a injeção de galactose nos testículos e no epidídimo O grupo tratado com salsa, Lactuca e Bacopa apresentou um aumento dos fosfolípidos mg/gm de peso húmido do tecido em comparação com o grupo tratado com galactose.

Assim, a partir dos resultados acima, pode concluir-se que os extractos de Salsa, Lactuca e Bacopa são potentes na redução dos efeitos do envelhecimento nos testículos e no epidídimo.

O nível mais baixo de peroxidação e fluorescência, a contagem mais elevada de espermatozóides e o conteúdo de fosfolípidos no grupo tratado com Bacopa indicam que a Bacopa monniera pode atuar como um antioxidante muito poderoso entre os três.

# BIBLIOGRAFIA

| | |
|---|---|
| 1 | Abdel-wahab MH (2003): Testicular toxicity of di-bromoacetonitrile and possible protection by tertiary butyl-hydroquinone. Pharmacol Res, 47 (6): 509-15. |
| 2 | Afanas'ev IB; Dorozhko Al; Brodskii AV; Kontyuk VA and Potopovich Al (1989): Chelating and free radical scavenging mechanism of inhibitory action of rutin and quercetin in lipid peroxidation. Biochem Pharmacol, 38:1763-68. |
| 3 | Aitken RJ and Clarkson JS (1987): Cellular basis of defective sprm function and its association with the genesis of reactive oxygen species by human spermatozoa. J Reprod Fertil, 81:459-469. |
| 4 | Aitken RJ; Clarkson JS and Fiskel S (1989): Generation of reactive oxygen species, lipid peroxidation and human sperm function. Biol Reprod, 41 (1): 283-97. |
| 5 | Aitken RJ; Buckingham D; West K; Wu FC; Zikopoulus K and Richardson DW (1992): Differential contribution of leukocytes and spermatozoa to the generation of reactive oxygen species in the ejaculates of oligozoospermic patients and Fertile donors. J Reprod Fertil, 94:451-62. |
| 6 | Aitken RJ; Harkness D; Buckingham DW (1993): Analysis of lipid peroxidation mechanisms in human spermatozoa. Mol Reprod Dev, 35: 302- 315. |
| 7 | Aitken RJ; Hellstrom WJ; Naz RK and Sikka SC (1995): Oxidative stress and interleukins in seminal plasma during leukocytospermia. Fertil Steril, 64:166-171. |
| 8 | Aitken RJ; Fisher HM; Fulton N *et al* (1997): Reactive oxygen species generation by human spermatozoa is induced by exogenous NADPH and inhibited by the flavoprotein inhibitor diphenylene iodonium and quinacrine. Mol Reprod Dev, 47:468-82. |
| 9 | Aitken RJ (2000): Possible redox regulation of sperm motility activation. J Androl, 21:49-96. |
| 10 | Ait ken RJ and Krausz C (2001): Oxidative stress, DNA damage,and the Y chromosome. Reproduction, 122:497-506. |
| 11 | Aitken RJ and Sawyer D (2003): The human spermatozoon-not waving but drowning. Adv Exp Med Biol, 518:85-98. |

| | |
|---|---|
| 12 | Albanes D (1996): Tocopherol, beta-carolene cancer prevention study: effects of baseline statistics and study compliance. J Nat Cancer Inst, 88:1560-70. |
| 13 | Alkan I; Simsek F; Haklar G *et al* (1997): Reactive oxygen species production by the spermatozoa of patients with idiopathic infertility: Relationship to seminal plasma antioxidants. J Urol, 157:140-143. |
| 14 | Alvarez JG and Storey BT (1983): Taurine, hypotaurine, epinephrine and albuhiin inhibit lipid peroxidation in rabbit spermatozoa and protect against loss of motility. Biol Reprod, 29:548-555. |
| 15 | Alvarez JG; Touchstone JC; Blassco L and Storey BT (1987): Spontaneous lipid peroxidation and production of H2O2 and superoxide in human spermatozoa. Superoxide dismutase as major enzyme protectant against oxygen toxicity. J Androl, 8:338-348. |
| 16 | Alvarez JG and Storey BT (1995): Differential incorporation of fatty acidsinto and peroxidative loss of fatty acids form phospholipids of human spermatozoa. Mol Reprod Dev, 42:334-46. |
| 17 | Amann RP (1989): Structure of normal testis and epididymis. J Am Coll Toxicol, 8:857-71. |
| 18 | Anderson DJ (1990): Cell mediated immunity and inflammatory processes in male infertility. Arch Immunity and inflammatory processes in male infertility. Arch Immunol Ther Exp, 38:79-86. |
| 19 | Andrews, A.T. (1981) In 'Electrophoresis' Theory, techniques and biochemical and clinical applications. Clarendon Press, Oxford. |
| 20 | Aphale, A.A. *et al* (1998): Subacute toxicity study of the combination of ginseng (:*Panax ginseng*) and Ashwagandha *(Withania somnifera)* in rats: a safty assessment. Indian J Physiol pharmacol, 42 (2): 299-302. |
| 21 | Arora A; Byrem TM; Nair MG and Strasburg GM (2000): Modulation of liposomal membrane fluidity by flavonoids and isoflavonoids. Arch Biochem B iophys, 373(1): 102-9. |

| 22 | Austin CR (1985): Sperm maturation in the male and female genital tracts. In: Metz CB; Monoroy A, editors. Biology of fertilization; V2, New York: Academic Press, p 121-55. |
|---|---|
| 23 | Aveldano MI; Rostein NP; Vermouth NT (1992): Lipid remodeling during epididymal maturation of rat spermatozoa. Enrichment in plamenylcholines containing long-chain polyenoic fatty acids of the n-9 series. Biochem J, 283: 235-241. |
| 24 | Bai KI and Sastiy VN (1991): Minimal cerebral dysfunction evaluation of a new drug. Mentat Probe, 30:247-249. |
| 25 | Baker HW; Brindle J; Irvine DS and Aitken RJ (1996): Protective effect of antioxidants on the impairment of sperm motility by activated polymorphonuclear leukocytes. Fertil Steril, 65:411-419. |
| 26 | Barkats, M.; Venault P: Gristen Y and Cohen- Salmon C (1995); Structural changes in the 'hipppocampi* of three inbred mouse srains. Life Sci (USA) 56 (4): 213-222. |
| 27 | Bartlett GR (1959): J Biolchcm, 234:466. |
| 28 | Bast A; Van Acker SA; Tromp MN; Haenen GR; Vander Vijgh WJ (1995): Flavonoids as scavengers of nitric oxide radical. Biochem Biophys Res Comrnun, 214(3): 755-9. |
| 29 | Basu NK and Pabrai PR (1947): Quart J Pharm, 20:137. |
| 30 | Basu NK; Rastogi RP and Dhar ML (1967): Chemical examination of *Bacopa monniera* Wettst Part III- Bacosied B. Indian J Chem, 5:84-6. |
| 31 | Beal M.F. (1995): Aging, energy and oxidative stress in neurodegenerative disease. Ann Neurol, 38:357-366. |
| 32 | Beal M.F. (1997): Oxidative damage in neurodegenerative diseases. Neuroscientist, 3:21-27. |
| 33 | Bedford JM (1974): Report of a workshop: maturation of the fertilizing ability of mammalian spermatozoa in the male and female reproductive tract. Biol Reprod, 11:346-362. |
| 34 | Bendich A. (1985): Antioxidant nutrients and immune functions. Advances in Expt. Med. Bio: 262 ed. by Adrianne, A., Marshall Philips and Robert, P. Tengery, Phenum press, London. |

| 35 | Benoff S (1993): Preliminaries to fertilization: the role of cholesterol during capacitation of human spermatozoa. Hum Reprod, 8:2001-8. |
|---|---|
| 36 | Bhattacharya SK (1994): Nootropic effect of BR-16A (Mentat), a psychotropic herbal formulation on cognitive deficits induced by prenatal undemutrition, post environmental improvement and hypoxia in rats. Ind Exp Biol, 32:31-36. |
| 37 | Bhattacharya SK (2000): Antioxidant activity of *Bacopa monniera* in rat frontal cortex, striatum and hippocampus. Phytother Res, 14(3): 174-9. |
| 38 | Bickford PC; Gould T; Briederick L; Chadman K; Pollock A; Young D; Shukitt- Hale B and Joseph J (2000): Antioxidant rich diets improve cerebellar physiology and motor learning in aged rats. Brain Res, 866 (1-2):*211-7*. |
| 39 | Bilyk A and Sapers Gm (1985): Distribution of quercetin and kaempferol in lettuce, kale,chive, garlic chive, leek, horse radish, red radish and red cabbage tissues. J Agric Food Chem, 33:226-228. |
| 40 | Blackshaw AW (1973): Testicular enzymes and spermatogenesis. J Reprod Fertil, Suppl, 18:55. |
| 41 | Blanco A (1980): On the functional significance of LDH-X. Johns Hopkins MedJ, 146:231-5. |
| 42 | Block G (1991): Vitamin C and cancer prevention: The epidemiologic evidence. Am J Clin Nutr, 53:2703-825. |
| 43 | Block G et al (1992): Nutr Cancer, 18:1-29. |
| 44 | Borek C (1993): Molecular mechanisms in cancer induction and prevention. Environ Health Perspectives, 101 (suppl.3): 237-45. |
| 45 | Borek C (1995): Maximize your health span with antioxidants: The baby Boomer's Guide : New Canaan, Conn: Keats Publishing, 1-98. |
| 46 | Borek C (1997): Antioxidant and cancer. Science and Medicine, 4:51-61. |
| 47 | Bors W; Heller W; Micheal C and Saran N (1990): Flavonoids as antioxidants: Determination of radical scavenging efficiencies. Methods Enzyriiol, 186:343-355. |

| 48 | Bose KC and Bose NK (1931): Observations on the actions and uses of Herpestis monniera. J Ind Med Association, 1:60. | |
| 49 | Bouche F; Fouchard MH and Jegou B (1994): Antioxidant system in rat testicular cells. FEBS Lett, 349-396. | |
| 50 | Brody IA and Engel WK (1964): Isoenzyme histochemistry: The display of selective lactate dehydrogenase isoenzyme in sections of skeletal muscles. J Histochem Cytochem, 12:687. | |
| 51 | Brownlee M; Cerami A and Vlassara H (1988): Advanced glycation end products in tissues and the biochemical basis of diabetic complications. N Eng J Med, 318:1315-1321. | |
| 52 | Brunk UT; Jones CB and Sohal RS (1992): A novel hypothesis of lipofuscinogenesis and cellular aging based on interactions between oxidative stress and autophagocytosis. Mutat Res, 275:395-403. | |
| 53 | Brunk UT and Terman A (2002): Lipofuscin: mechanisms of age related accumulation and influence on cell function. Free Radic Biol Med, 33 (5): 611-9. | |
| 54 | Burton GW and Ingold KU (1984): Beta-carotene: an unusual type of lipid antioxidant. Science, 224:569-573. | |
| 55 | gustos-obergon E and Esponda P (2004): Ageing Induces apoptosis and increases HSP70 protein in the epididymis of *Octodon degus*. Int J Morphology, 22 (1): 29-34. | |
| 56 | Butrimovitz GP; Farina F; Sharlip I (1983): Microsomethod for determination of lactate dehydrogenase isozyme C4 activity in human seminal plasma. Clin Chem, 29 (8): 1518-21. | |
| 57 | Byun DS; Kwon MN; Hong JH; Jeong DY (1994): Effects of flavonoids and alpha - tocopherol on the oxidation of n-3 polyunsaturated fatty acids: 2- Antioxidizing effect of catechin and alpha - tocopherol in rats with chemically induced lipid peroxidation. Bulletin of the Korean Fisheries Society, 27(2): 166-172. | |
| 58 | Caldwell CR (1995): Alkylperoxyl radical scavenging activity of rad leaf lettuce (*Lactuca sativa* L). Phenolics. J Fd. Technol, 12:505-508. | |
| 59 | Candish JK and Das NP (1996): Antioxidants in food and chronic degenerative diseases. Biomed Environ Sci, 9(2-3):1 | |

| | | | |
|---|---|---|---|
| | 17-23. | | |
| 60 | Chance B; Sies H and Boveris A (1979): Hydroperoxide metabolism in mammalian organs. Physiol Rev, 59: 527. | | |
| 61 | Chatteijee N., Rastogi R.P., Dhar M.L. (1965). Chemical examination of *Bacopa monniera Wettst.* : Part II The Constitution of Bacoside A. Indian J. Chem. 3:24-9. | | |
| 62 | Chatterjee TK; Chakraborty A and Pathak M (1992): Effect of plant extract Centella asiatica (Linn.) on cold restraint stress ulcer in rats. Indian J Exp Biol, 30:889-891. | | |
| 63 | Chaurasia SS; Panda S; Kar A (2000): *Withania somnifera* root extract in the regulation of lead induced oxidative damge in male mouse. Pharmacol Res, 41(6): 663-6. | | |
| 64 | Chen ZY; Chan PT; Ho Ky; Fung KP and Wang J (1995): The relative antioxidant activities of plant-derived polyphenolic flavonoids. Free Readic M 22 (4): 375-83. | | |
| 65 | Chen H; Luo L; Zirkin BR (1998): Testicular aging: Leydig cells and spermatogenesis. In : Zirkin BR (ed) Germ cell Development, Division, Disruption and Death, New York: Springer-Verlag: 130-139. | | |
| 66 | Chinoy NJ (1984): Structure and function of epididymis in relation to | | |
| 67 | vulnerable points to intervention for male fertility regulation. Indian Rev Life Sci, 4:37-68. | | |
| 68 | Chinoy NJ; Reddey VPC and Michael MC (1994): Beneficial effects of ascorbic acid and calcium on reproductive functions of sodium fluoride treated prepubertal male rats. Fluoride, 27 (2): 67-75. | | |
| 69 | Chio KS and Tappel AL (1969): Synthesis and characterization of the fluorescent products derived from malonaldehyde and amino acids. Biochemistry, 8:2821-2826. Cooper TG (1995): Role of the epididymis in mediating changes in the male gamete during maturation. Adv Exp Med boil, 377:87-101. | | |
| 70 | Crook TH ct al (1991): Effects of phosphatidyl serine in age associated memory impairment. Nerology, 41: 644-649. | | |
| 71 | Cross NL (2000): Sphingomylin modulates capacitation of human sperm *in vitro*. Biol Reprod, 63: 1129-34. | | |

| 72 | Cui X; Wang L; Zuo P; Han Z; Fang Z; Li W; Liu J (2004): D-galactose caused life shortening in *Drosophila melanogaster* and *Musca domes tic a* is associated with oxidative stress. Biogerontolgy, 5 (5): 317-26. | | |
|---|---|---|---|
| 73 | Cutting WC; Dreisbach RH and Neff BJ (1949): Antiviral chemotherapy III. Flavones and related compounds. Stanford Med Bull, 7:137-138. | | |
| 74 | Cutting WC; Dreisbach RHand Matsushima F (1953): Aniviral Chemotherapy, VI. Parenteral and other effects of flavonoids Stanford Med Bull, 11:227-229. | | |
| 75 | Dandekar SP; Nadkami GD; Kulkarni VS and Punekar S (2002): Lipid peroxidation and antioxidant enzymes in male infertility. J Post Grad Medicine, 48 (3): 186-89. | | |
| 76 | Darley-Usmar V; Wiseman H and Halliwell (1995): Nitric oxide and oxygen radicals: a question of balance. FEBS Letters, 396: 131-135. | | |
| 77 | Das A; Shanker G; Nath C; Pal R; Singh S; Singh H (2002): A comparative study in rhodents standardized extracts of *Bacopa monniera* and Ginkgo biloba; anticholinesterase and cognitive enhancing activities. Pharmacol Biochm Behav, 73(4): 893-900. | | |
| 78 | Davis JB (1964): Disc electrophoresis II, methods and application to human serum protein. Annals of the New York Academy of Sciences. Vol. 21:404- 427. | | |
| 79 | Dechameux T; Dubois F; Beauloye C; Wattiaux- De Coninck S; Waniaux R (1992): Effect of various flavonoids on lysosomes subjected to an oxidative stress. Biochem Pharmacol, 44:1243-1248. | | |
| 80 | De Lamirande E and Gagnon C (1992): Reactive oxygen species and human spermatozoa II : depletion of adenosine triphosphate (ATP) plays an important role in the inhibition of sperm motility. J Androl, 13:379-386. | | |
| 81 | De Lamirande E; Gagnon C (1995): Impact of ROS on spermatozoa: A balancing act between beneficial and detrimental effects. Hum Reprod, 10 (suppl !) 15-21. | | |
| 82 | De Marchena O; Gumeiri M and McKham G (1974): Glutathione peroxidase levels in brain. J Neurochem, 22: 773-776. | | |

| | |
|---|---|
| 83 | Dhawan BN (1995): Centrally acting agents from Indian Plants. In : Koslow SH; Srinivasa MR; Coelho V (eds). Decades of the Brain: India/USA Research in Mental Health and Neurosciences. Rock Ville MD, National Institute of Mental Health, 197:202. |
| 84 | Dillard CJ and Tappel AL (1971): Fluorescent products of lipid peroxidation of mitochondria and microsomes. Lipids, 6(10): 715-721. |
| 85 | Dillard CJ and Taipei AL (1973): Fluorescent products from reaction of peroxidizing polyunsaturated fatty acids with phosphatidyl ethanolamine and phenylalanine. Lipids, 8:183-189. |
| 86 | Diplock AT; Machlin LT; Packer L and Pryor WA (1989): Eds, Vitamin E: Biochemistry and health implications. Ann N Y Acad, Sci, 570:555. |
| 87 | Donato HJ and Sohal RS (1981): Lipofuscin: IN 'Handbook of Biochemistry of aging: (Eds) J R Florini, RC Adelman and GS Roth, CRC Press, Boca Raton, Florida, 221-227. |
| 88 | Duthie SJ and Dobson VL (1999): Dietary flavonoids protect human colonocyte DNA from oxidative attack in vitro. Eur J Nutr, 38(l):28-34. |
| 89 | Enstorm JE (1992): Vitamin C intake and mortality among a sample of the United States population. Epidemiology, 3: 194-202. |
| 90 | Emster L (1993): Lipid peroxidation in biological membranes: mechanisms and implications. In: Active oxygen, lipid peroxides and antioxidants. Ed: Yagi K, CRC Press, Boca Raton, 1-38. |
| 91 | Esterbauer H; Zollner H; Schaur RJ (1988): Hydroxyalkenals, cytotoxic products of lipid peroxidation. Atlas of Science: Biochem, 1:311-319. |
| 92 | Esterbauer H; Rothencneder-Dicber M; Waeg G; Striegl G; Jurgens G (1990): Biochemical, structural and functional properties of oxidized low -density lipoprotein. Chem Res Toxicol, 3:77-92. |
| 93 | Esterbauer H; Schaur RJ and Zollner H (1991): Chemistry and biochemistry of 4-hydroxynoneal, Malondialdehyde and related aldehydes. Free Radic Biol Med, 11:81-128. |

| 94 | Fejes S; Kery A; Blazovies A; Lugasi A; Lemberkovies E; Petri G and Szok E (1998): Investigations of the invitro antioxidant effect of *Petroselinum crispum* (Mill)Nym ExA W Hill. Acta Pharm Hung, 68(3): 150-6. | | |
|---|---|---|---|
| 95 | Fishelson L (2003): Comparison of testes structure, spermatogenesis and spermatocytogenesis in young, aging and hybrid Cichild fish. J of Morphology, 256 (3): 285-300. | | |
| 96 | Fisher HM and Aitken RJ (1997): Comparative analysis of the ability of precursor germ cells and epididymal spermatozoa to generate reactive oxygen metabolites. J Exp Zool, 277:390-400. | | |
| 97 | Floyd RA (1990): Role of oxygen free radicals in carcinogenesis and brain ischemia. FASEB J, 4 (9): 2587-97. | | |
| 98 | Ford WCL (2004): Regulation of sprm function by reactive oxygen species. Hum Reprod Update, 10 (5): 387-399. | | |
| 99 | Forman HJ and Kennedy J (1978): Dihydrolate dependent supcroxide production in rat brain and liver. A function of primary dehydrogenase. Arch Biochem Biophys, 17:219-224. | | |
| 100 | Foyer C (1993): Ascorbic acid In: Antioxidant in higher plants. RG Alscher and JI Hess (eds) CRC Press, boca Raton, 31 -58. | | |
| 101 | Fremont L; Belguendouz L and Delpal S (1999): Antioxidant activity of resveratrol and alcohol - free wine polyphenols related to LDL oxidation and polyunsaturated fatty acids. Laboratoire de Nutrition et securite Alimcntaire, INRA-CRI, Touy-en-Josas, France. | | |
| 102 | Fridovich I (1989): Superoxide dismutases, An adaptation to a paramagnetic gas. I Biol Chem, 264:7761-7764. | | |
| 103 | Fulder SJ (1981): Ginseng and the hypothalamic pituitary control of stress. Am J chin Med Summer, 9(2): 112-8. | | |
| 104 | Gabor M (1972): The anti-inflammatory action of flavonoids. Akademial kiado. Budapest. | | |
| 105 | Gave 11a M; Cvitkovic P and Skrabalo Z (1982): Seminal plasma isoenzyme LDH-X in infertile men. Androl, 14:104-109. | | |

| 106 | Gavella M and Cvitkovic P (1985): Semen LDH-X deficiency and male infertility. Arch Androl, 15: 173-176. | | |
|---|---|---|---|
| 107 | Gavella M; Cvitkovic P and Colak B (1998): Seminal plasma and sperm bound Lactate Dehydrogenase LDH-C4 in infertile men. Diabetologia Croatica, 27-31. | | |
| 108 | Geleijnse JM; Launer U; Vander kuip DA; Hofman A; Witteman JC (2002): Inverse association of tea and flavonoid intake with incident myocardial infarction: the Rotterdam study. Am J Clin Nutr, 75(5): 880-6. | | |
| 109 | Genkingcr JM; Platz EA; Hoffman SC; Comstock GW and Hclzlsour K J (2004): Fruit, Vegetable and antioxidant intake and all cause, cancer and cardiovascular disease mortality in a community dwelling population in Washington Country, Maryland. Am J Epidemiol, 160 (12): 1223-33. | | |
| 110 | Gerez de Burgas NM; Burgos C; Cornel CE *et al* (1979): Correlation of lactate dehydrogenase isoenzyme C4 activity with the count and motility of spermatozoa. J Reprod Fertil, 55:107-111. | | |
| 111 | Grisham MB and Me Cord JM (1986): Chemistry and cytotoxicity of reactive oxygen metabolites. In "Physiology of oxygen radicals" Ed. A.E. Taylor and Metalon PA. The Williams and William Company, Baltimore, Maryland. | | |
| 112 | Grisswold MD (1998): The cehtral role of Sertoli cells in spermatogenesis. Semin Cell Dev Biol, 4:411-416. | | |
| 113 | Griveau JF and LeLannau D (1997): Influence of oxygen tension on reactive oxygen species production and human sperm production. Int J Androl, 20: 195-200. | | |
| 114 | Grootveldt M and Halliwell B (1987): Measurement of allantoin and uric acid in human body fluids. Biochem J, 243:803-808. | | |
| 115 | Haidl G and Opper C (1997): Changes in lipids and membrane anisotropy in human spermatozoa during epididymal maturation. Hum Reprod, 12: 2720- 2723. | | |
| 116 | Gutrierrez M; Burgos NMG; Burgos C and Blanco A (1972): The sexual cycle of male rats, changes of testicular lactic dehydrogenase isoenzymes. Comp Biochem Physiol A, 43:47. | | |

| 117 | Hall JC; Hadley J and Doman T (1991): Correlation between changes in rat sperm membrane lipids, protein and the membrane physical state during epididymal maturation. J Androl, 12:76-78. | | |
| 118 | Halliwell B and Gutteridge JMC (1989): Free radicals in Biology and Medicine. 2 ed. oxford Clrendon Press. | | |
| 119 | Halliwell B (1994): Free radicals, antioxidants and human disease: curiosity, cause or consequence. Lancet, 344:721-729. | | |
| 120 | Hanasaki Y; Ogawa S; Fukui S (1994): The correlation between activie oxygen scavenging and antioxidative effects of flavonoids. Free Radic Biol Med, 16:845-850. | | |
| 121 | Hansford RG; Hogue BA and Mildaziene V (1997): Dependence of H202 formation by rat heart mitochondria on substrate availability and donor age. J Bioenerg Biomemb, 29 (1): 89-95. | | |
| 122 | Harman D (1956): Aging: a theory based on free radical and radiation chemistry. J Biol Chem, 211:298-300. | | |
| 123 | Harman D (1981): The aging process. Proc Natl Acad Sci, 78:7124-7124. | | |
| 124 | Hart RW and Setlow RB (1974): Correlation between deoxyribonucleic acid excision-repair and life span in a number of mammalian species. Proc Natl Acad Sci USA, 71:2169-73. | | |
| 125 | Hemnani T and Parihar MS (1998): Reactive oxygen speices and oxidative DNA damage. Indian J physiol pharmacol, 42(4): 440-452. | | |
| 126 | Hco HI; Cho HY; Hong B; Kim HK; Kim BG; Shin DH (2001): Protective effect of 4'5 -dihydroxy- 3'-6, 7 trimethoxy flavone from Artemisia asiatica against A beta- induced oxidative stress in PC 12 cells. Amyloid, 8(3): 194- 201. | | |
| 127 | Herbert J (1995): The age of dehydroepiandrosterone. Lancet, 345:1193-4. | | |
| 128 | Hermann K (1976): Flavonols and flavones in food plants: A Review. J Fd Technol, 11:433-448. | | |

| 129 | Herman SM; Tsitouras PD (1980): Reproductive hormones in aging men I. Measurements of sex steroids, basal leuteinizing hormones and Leydig cell response to human chorionic gonadotropin. J Clin Endocrinol Metab, 5: 35- 40. | | |
|---|---|---|---|
| 130 | Herman SM; Tsitouras PD; Costa PT and Blackman MR (1982): Reproductive hormone in aging man II. Basal pituitary gonadotropins and gonadotropin responses to leuteinizing hormone release hormone. J Clin Endocrinol Metab, 54:547-551. | | |
| 131 | Hess JL (1993): Vitman E, alpha-tocopherol. In: Antioxidant in higher plants. rG Aischer and JL Hess (eds) CRC Boca Raton, 111-134. | | |
| 132 | Hinkovska VT; Dimitrov GP and Koumanov KS (1986): Phospholipid composition and phospholipid asymmetry of ram spermatozoa plasma membranes. Int J Biochem, 18 (12): 1115-21. | | |
| 133 | Hirano R; Sasamoto W and Matsumoto A (2001): Antioxidant ability of various flavonoids against DPPH radicals and LDL oxidation. J Nutr Sci Vitaminol (Tokyo). 47 (6): 357-62. | | |
| 134 | Hoffman D (1993): An elders Herbal Rochester: healing Arts Press. | | |
| 135 | Holland MK and Storey BT (1982): Oxygen metabolism of mammalian spermatozoa. Generation of hydrogen peroxide by rabbit epididymal spermatozoa. Biochem J, 198:273-280. | | |
| 136 | Holiday R (1995): Understanding aging. Cambridge University Press, U K, 207. | | |
| 137 | Hull M; Glazenger C; Kelly N; Conway D; Foster P; Hinton R *et* al (1987): population study of causes, treatment and outcome of infertility . Br Med, 291:1693-7. | | |
| 138 | Ikeda M; Kodama H; Fukuda J; Shimizu Y; Murata M; Kumagai J and Tanaka T (1999): Role of radical oxygen species in rat testifular germ cell apoptosis induced by heat stress. Biol Reprod, 61:393-399. | | |
| 139 | Itil TM; Eralp E; Tsambis E; Itil KZ; Stein V (1996): Central nervous system- effects Ginkgo biloba, a plant extract American J Therapeutics (USA), 3/1: 63-73. | | |

| 140 | Ivy GO; Schottler F Wenzel J; Boudry M; Lynch G (1984): Inhibitors of lysosomal enzymes: Accumulation of lipofuscin like dense bodies in the brain. Science, 226:985-987. | | |
| 141 | Iwasaki A and Gagnon C (1902): Fortitdtion of reactive oxygen species in spermatozoa in infertile patients. Fertil Steril, 57:409-416. | | |
| 142 | Jacobsen NO (1969): The histochemical localization of lactic dehydrogenase isoenzymes in the rat nephron by means of an improved polyvinyl alcohol method. Histochemistry, 20:250. | | |
| 143 | Jain P and Kulshreshtha DK (1993): Bacoside A-1, A minor saponin from *Bacopa monniera*. Phytochem (oxford), 33(2):449-451. | | |
| 144 | Jara M; Carballada R and Esponda P (2003): Age induced apoptosis in the male genital tract of the mouse. In Press, Reproduction. | | |
| 145 | Jeandel C; Nicholas MB; Dubois F; Nabet-Belleville F; Penin F and Cuny G (1989): Lipid peroxidation and free radical scavengers in Alzheimer's disease. Gerontology, 35:275-282. | | |
| 146 | Jegou B (1993): The sertoli germ cell communication network in mammals. IntRev Cytol, 147:25-96. | | |
| 147 | Jegou B and Pineau C (1995): Current aspects of autocrine and paracrine mgulation of spermatogenesis. Adv Exp Med Biol, 377:67-86. | | |
| 148 | Jeulin C; Soufir JC; Weber P; Laval-Martin D and Calvayrac R (1989): Catalase activity in human spermatozoa and seminal plasma. Gamete Res, 24 (2): 185-96. | | |
| 149 | Jialal J and Grundy SM (1992): Effect of dietary supplementation with alpha- tocopherol on the oxidative modification of low density lipoprotein. J Lipid Res, 33:899-905. | | |
| 150 | Johnson L; Zane RS; Pettey CS; Neaves WB (1984): Quantification of the human Sertoli cell polulation : Its distribution, relation to germ cel numbers and age related decline. Biol Reprod, 31:785-795. | | |

| 151 | Jones R; Mann T and Sherins R (1979): Peroxidative breakdown of phospholipids in human spermatozoa, sprmicidal properties of fatty acid peroxides, and protective action of seminal plasma. Fertil Steril, 31 (5): 531- 7. | |
|---|---|---|
| 152 | Jovanovic SV; Steenken S; Tosic M; Majanovic A; Simic MG (1994): Flavonoids as antioxidants. J Am Chem Soc, 116:4846-4851. | |
| 153 | Kaler LW and Neaves WB (1978): Attrition of human Leydig cell population with advancing age. Anat Rec, 192 (4): 513-8. | |
| 154 | ICandaswami C and Middleton E Jr. (1994): Free radical scavenging and antioxidant activity of plant flavonoids. Adv Exp Med Biol, 366:351-76. Kaneko T; Iuchi Y; Kobayashi T; Tsuneko F; Hidekazu S; Hirashisa K and Kanungo MS (1994): Genes and aging. Cambridge Uniersity Press, New York. | |
| 155 | Kanowski S; Hermann WM; Stephan K; Wierch W and Horr R (1966): Proof of efficacy of the *Ginkgo biloba* special extract EGb 761 in out patients suffering from mild to moderate primary or multi infarct dementia. Pharmacopsychiatry (Gemany), 29 (2): 47-56. | |
| 156 | Kaur P and Bansal MP (2004): Influence of selenium induced oxidative stress on spermatogenesis and Lactate dehydrogenase -X in mice testis. Asian J Androl, 6:227-232. | |
| 157 | Kemal DN; Morshedi M; Oehinger S (2000): Effects of hydrogen peroxide on DNA and plasma membrane integrity of human spermatozoa. Fertil Steril, 74: 1200-1207. | |
| 158 | Kessopoulou E; Tomlinson MJ; Barratt CL; Bolton AE and Cooke ID (1992): Origin of reactive oxygen species in human semen: spermatozoa or leukocytes ? J Reprod, 94:463-70. | |
| 159 | Kidd PM (1995): Phosphatidyl serine, A remarkable brain cell nutrient Lucas Meyer, Inc. | |
| 160 | Kim GH; Wright WW (1997): A comparison of the effects of teticular maturation and aging on the stage-specific expression of CP2/Cathepsin L messenger ribonucleic acid by Sertoli cells of the Brown Norway rat. Biol Reprod, | |

| | 57:1467-1477. | |
|---|---|---|
| 161 | Kim JG and Parthasarthy S (1998): Oxidation and the spermatozoa. Semin Reprod Endocrinol, 16:235-239. | |
| 162 | Kittani K; Kanai S; Ivy GO and Carrillo MC (1998): Assessing the effects of deprenyl on longevity and antioxidant defense in different animal models. Ann NY Acad Sci 854:291-306. | |
| 163 | Kobayashi T; Miyata T; Nator M; Nozawa S (1991): protective role of SOD in human sperm motility: SOD activity and lipid peroxide in human seminal plasma and spermatozoa. Hum Reprod, 6:987-991. | |
| 164 | Koksal IT; Usta M; Orhan I; Abbasoglu S; Kadioglu A (2003): Potential role of reactive oxygen species on testicular pathology associated with infertility. Asian J Androl, 5:95-9. | |
| 165 | Kostyuk VA; Potapovich Al, Tereshehenko SM; Afanas'ev IB (1988): Antioxidative activity of flavonoids in various systems of lipid peroxidation. Article in Russian Biokhimiia, 53 (8): 365-70. | |
| 166 | Kotwicka M; Jendraszak M and Warchol JB (2002): Plasma membrane translocation of phosphatidyl serine in human spermatozoa. Folia Histochem Cytobiol, 40:111-112. | |
| 167 | Krausz C; Mills C; Rogers S; Tan SL and Aitken RJ (1994): Stimulation of oxidant generation by human sperm suspensions using phorbol esters and formyl peptides: relationship with motility and fertilization in vitro. Fertil Steril, 62: 599-605. | |
| 168 | gjeuzaler F and Hahlbrock K (1973): Phytochemistry 12:1149-52. | |
| 169 | Kreydiyyesh SJ; Usta J; Kaouk I; Al-Sadi R (2001): The mechanism underlying the laxative properties of parsley extract: Phytomedicine: 8 (5): 382-8. | |
| 170 | Kuhnau J (1976): The flavonods. A class of semi-essential food components: their role in human nutrition. World Rev Nutr Diet, 24:117-91. | |

| 171 | Langlais J; Zollinger M; Plante L; Chapdelaine A; Bleau G and Roberts KD *(1981):* Localization of cholesterol sulfate in human spermatozoa in support of a hypothesis for the mechanism of capacitation. Proc Natl Acad Sci USA, 78:7266-7270. | |
|---|---|---|
| 172 | Laughton MJ; Evans PJ; Moroney MA; Hoult JR and Halliwell B (1991): Inhibition of mammalian S-lipoxygenase and cyclo-oxygenase by flavonoids and phenolic dietary additives. Relationship to antioxidant activity and to iron ion reducing ability. Biochem Pharamacol, 42:3673-81. | |
| 173 | *le* Bars PL; Katz MM: Berman B; Jtil TM; Freedman AM and Schutzberg AF (1997): A Placebo-controlled, double blind, randomized trial of an extract of *Ginkgo biloba* for dementia. JAMA; 278(16): 1327-32. | |
| 174 | Lee CM; Veindruch R and Aiken JM (1997): Age related alterations of the mitochondrial genome. Free radic Biol Med, 22(7): 1259-69. | |
| 175 | Lee YJ and Park C (1997): Spermatogenesis and morphologic changes of testis in aging men. Korean J Androl, 15 (2): 117-122. | |
| 176 | Lenzi A; Picardo M; Gandini L; Lombardo F; Terminali O; Passi S and Dondero F (1994): Glutathione treatment of dyspermia effect on the lipoperoxidation process. Hum Reprod, 9:2044-50. | |
| 177 | Lenzi A; Gandini L; Maresca V; Rago R; Sgro P; Dondero F and Acardo M (2000): Fatty acid composition of spermatozoa and immature germ cells. Mol Hum Reprod, 6 (3): 226-231. | |
| 178 | Levy S; Serre V; Hermo L; Robaire B (1999): The effects of aging on the seminiferous epithelium and the blood-barrier testis of the Brown Norway rat J Androl, 20:356-365. | |
| 179 | Lewis JEM; Boyle PM; McKinney KA et al (1995): Total antioxidant capacity of seminal plasma is different in fertile and infertile men. Fertil Steril, 64:868-870. | |
| 180 | Lewis SEM; Sterling ESL; Young IS et al (1997): Comparison of individual antioxidants of sperm and seminal plasma in fertile and infertile men. Fertil Steril, 67:142-147. | |

| 181 | Li K (1975): The glutathione, thiol content of mammalian spermatozoa and seminal plasma. Biol Reprod, 12:641-6. | | |
| 182 | Machlin LJ and Bendich A (1987): Free radical tissue damage: Protective role of antioxidant nutrients. FASEB J, 2(15): 3087. | | |
| 183 | Liu M (1996): Studies on the ahti-aging and nootropic effects of ginsenoside Rgl and its mechanisms of actions. Sheng Li KB Hsuch Chin Chan, 27(2): 139-42. | | |
| 184 | Malhotra N and Pushpa Devi (2005): Radioprotective influence of vitamin E on energy generating enzymes in prepubertal and mature rat testis. Ind J Gerontol, 19 (1): 1-10. | | |
| 185 | Mark RJ; Blano EM and Mattson MP (1996): Amyloid beta peptide and oxidative cellular injury in Alzheimer's disease. J Neuro Sci, 17 (3): 1046. | | |
| 186 | Martinez P and Morros A (1996): Membrane lipid dynamics during human sperm capacitation. Front Biosci, l:d 103-117. | | |
| 187 | Marx JL (1985): Oxygen free radicals linked to many diseases. Science, 235: 529-531. | | |
| 188 | Marzabadi MR; Sohal RS and Brunk UT (1990): Effect of &-tocopherol and some metal chelators on lipofuscin accumulation in cultured neonatal rat cardiac myocytes. Anal Cell Pathol, 2:333-346. | | |
| 189 | Marzabadi MR; Sohal RJ and Brunk UT (1991): Mechanisms of lipofuscinogenesis: Effect of the inhibition of lysosomal proteases and lipases under varying concentrations of ambient oxygen in cultured rat neonatal myocardial cells. APMIS, 99:416-426. | | |
| 190 | Marzabadi MR; Yin D and Brunk UT (1992): Lipofuscinogenesis in a model system of cultured cardiac myocytes. Evs. 62:78-88. | | |
| 191 | Mathis P and Kleo J (1973): The triple state of beta-carotene and of analog polyens of different length. Photochem Photobiol, 18:343-346. | | |
| 192 | McCord JM (1987): Oxygen derived free radicals, A link between repercussion injury and inflammation. Fed Proc, 46:2402-2406. | | |

| 193 | Meistrich ML; Trostle PK; Frapart M; Erickson RP (1977): Biosynthesis and localization of lactate dehydrogenase -X in pachytene spermatocytes and spermatids of mouse testes. Dev Biol, 60:428-41. |
| 194 | Mehta UR (1991): Therapy of mentally backward children with or withou behaviour disorders. Probe, 30:233-239. |
| 195 | Mercola J (2000): Vitamin C and E may protect the aging brain. Neurology 54:1265-1272. |
| 196 | Mercola J (2003): Antioxidants in vegetables slow brain aging. J Neurosci, 18. |
| 197 | Merinetti GV (1962): J Lipid Res, 3:1. |
| 198 | Middleton E Jr.; Kandaswami C; Theoharides TC (2000): The effects of plant flavonoids on mammalian cells: implications for inflammation, heart disease and cancer. Pharmacol Rev, 52:673-75. |
| 199 | Mills SY (1989): The A-Z of modem herbalism, London: Harper Collins, Publishers. |
| 200 | Mlquel J (2002): Can antioxidant diet supplementation protect against age- related mitochondrial damage ? Ann N Y Acad Sci, 959:508-16. |
| 201 | Miyata T; Oda O; Inagi R; Iida Y; Araki N; Yamada N; Horiuchi S; Taniguchi N; Maeda K and Kinoshita T (1993): B2-microglobulin modified with advanced glycation and products is a major component of hemodialysis associated amyloidosis. J Biol Chem, 92:1243-52. |
| 202 | Miyata T; Taneda S; Kawai R; Veda Y; Horiuchi S; Hara M; Maeda K; Monnicr VM (1996): Identificatrion of pentosidine as a native structure for advanced glycation and products in B2-microglobulin containing amyloid fibrils in patients with dialysis related amyloidosis. Proc Natl Acad Sci USA, 93:2353-58. |
| 203 | Mohammad AAM (2002): Antioxidant activity of commonly consumed vegetables in Yemen. Malaysian Journal of Nutri, 8(2). |
| 204 | Murayama W and Nadi M (1999): Neuroprotection by (-)-deprenyl and related compounds. Mech Ageing Dev, 111(2-3): 189-200. |

| 205 | Nakamura Y; Takeda M; Suzuks H; Morita H; Tada K; Hariguchi S and Nishimura T (1989): Age dependent changes in activities of lysosomal enzymes in rat brain. Mech Aging Dev, 50 (3): 215-225. | | |
| 206 | Nakamura Y; Horn Y; Nishino T; Shiki H; Sakaguchi Y; Kagoshima T; Dohi K; Makita Z; Vlassara H and Bucala R (1993): Immunohistochemical localization of advanced glycosylation end products in coronary atheroma and cardiac tissue in diabetes mellitus. Am J Pathol, 143:1649-1656. | | |
| 207 | Neaves WB; Johnson L; Petty CS (1985): Age related changes in numbers of other interstitial cells in testis of adult men: evidence bearing on the fate of Leydig cells lost with increasing age. Biol Reprod, 33(1): 259-69. | | |
| 208 | Nikolopoulou M; Soucek DA and Vary JC (1985): Changes in the lipid content of boar sperm plasma membrane during epididymal maturation. Biochem Biophys Acta, 815:486-98. | | |
| 209 | Ochesendorf FR; Buhl R; Bastlein A et al (1998): Glutathione in spermatozoa and seminal plasma of infertile nlen. Hum Reprod, i3:353-359. | | |
| 210 | Oldereid Nfe; THdtnassen Y; Purvis K (1998): Selenium in human male reproductive organs. Hum Reprod, 13:2172-6. | | |
| 211 | Orlando C; Casano R; Caldini AL *et al* (1988): Measurement of seminal LDH-X and transferring and normal and infertile men. J Androl, 9:220-223. | | |
| 212 | Ollero M; Powers RD and Alvarez JG (2000):Variation of docosahexanoic acid content in subsets of human spermatozoa at different stages of maturation: implications for sperm lipoperoxidative damage. Mol Reprod Develop, 55: 326-334. | | |
| 213 | Orgebin-Crist MC (1981): Epididymal physiology and sperm maturation. In : Bollack C; Clavert A editors. A progress in Reproductive Biology; V8. Epididymis and Fertility: Biology and Pathology. Basel: S Karger, p 8089-95. | | |
| 214 | Omstein LC (1964): Disc electrophoresis -I, Background and theory. Ann NYAcadSci 121-321. | | |

| 215 | Paltacy F (1994): Ether lipids in biomembranes. Chem Phys Lipids, 74:101- 139. | | |
| 216 | Pan YC; Sharief FS; Okabe M; Haung S; Li SS (1983): Amino acid^quencc studies on lactate dehydrogenase C4 isozymes from mouse and rat testes. J Biochem, 258:7005-16. | | |
| 217 | Paniagua R; Amat P; Nistal M; Martin A (1985): Ultrastructural changes in Sertoli cells in aging humans. Int J Androl, 8:295-312. | | |
| 218 | Parihar MS and Dubey AK (1995): Lipid peroxidation and ascorbic acid status in respiratory organs of male and female fresh water catfish *Heteropneustens fossilis* exposed to temperatre increase. Comp Biochem Physiol 112C: 309-313. | | |
| 219 | Parihar MS; Dubey AK; Javeri T and Prakash P (1996): Changes in lipid peroxidation, superoxide dismutase activity, ascorbic acid and phospholipids contents in liver of fresh water cat fish *Heteropneustes fossilis* exposed to elevated temperatue. J Therm Biol, 21 (5): 323-330. | | |
| 220 | Parihar MS; Manjula Y; Bano S; Hemnani T; Javeri T and Prakash P (1997): Nicotinamide and d-tocopherol combination partially protects tertbutyl hydroperoxide neurotoxicity : Implication for neurodegenerative disease. Curr Sci, 73 (3):L 290-293. | | |
| 221 | pattison DJ; Silman AJ; Goodson NJ; Lunt M; Bunn D; Luben R; Welch A; Bingham S; Khaw KT; Day N and Jymmons DP (2004): Vitamin C and the risk of developing inflammatory polyarthritis: Perspective nested case control study. An Rheum Dis, 63(7): 843-7. | | |
| 222 | Patro IK and Sharma SP (1984): Cytochemical interaction of nucleolus in the Purkinje cells of senile white rats under the influence of centrophenoxine. Expt Gerontol, 19:241-252. | | |
| 223 | Patro IK (1985): Influence of Centrophenoxine on the neuronal lipofuscin in ageing and Senile wistar rats: A histochemical study. PhD. thesis, Kurukshetra University, Kurukshetra, India. | | |

| 224 | Patro IK; Sharma SP and Patro N (1988 a): Neuronal lipofuscin, its formation and reversibility. Indian Rev Life Sci, 8:95-120. | | |
|---|---|---|---|
| 225 | Patro IK and Patro N (1992): Lipofuscin in aging brain. A selective reappraisal. Indian Rev Life Sci, 12:133-146. | | |
| 226 | petkov VD; Kehayov R; Belcheva S; Konstanitinova E; Petkov VV; Getova D; Markovska V (1993): Memory effects of standardized extracts of Panax ginseng (G 115) Ginkgo biloba (GK 501) and their combination Gincosan (PHL-00701), Planta Med (Germany ), 59 (2): 106-14. | | |
| 227 | Pillai MM; Ashokan KV; Jadhav SJ and Pawar BK (2002): Protective effect of *Lactuca sativa* on the brain of mouse during aging. Indian J Gerontol, 16 (3-4):199-210. | | |
| 228 | Pietta PG (2000): Flavonoids as antioxidants. J Nat Prod, 63(7): 1035-42. | | |
| 229 | Pone RH; Carriazo CS; Vermouth NT (2001): Lactate dehydrogenase activity of rat epididymis and spermatozoa: Effect of constant light. Eur J Histochem, 45(2): 141-50. | | |
| 230 | Potts RJ; Jefferies TM and Notarianni LJ (1999): Antioxidant capacity of the epididymis. Hum Reprod, 14 (10): 2513-16. | | |
| 231 | Pouios A; White JG (1973): The phospholipid composition of human spermatozoa and seminal plasma. J Reprod Fertil, 35:265-272. | | |
| 232 | Raj KJ and Shalini Kapoor (1999): A review of Biological activities. Indian Drugs, 36:668-78. | | |
| 233 | Ramadan LA; Abd-Allah AR; Aly HA and saad-el-Din AA (2002): Testicular toxicity effects of magnetic field exposure and prophylactic role of coenzyme Q 10 and L-camitine in mice. Pharmacol Res, 46 (4): 363-70. | | |
| 234 | Rana APS; Majumder GC; Misra S and Ghosh A (1991): Lipid changes of goat sperm plasma membrane during epididymal maturation. Biochem Biophys Acta, 1061:185-96. | | |
| 235 | Rastbgi S; Pal R and Kulshreshtha DK (1994): Bacoside A-3-a triterpenoid saponin from *Bacopa monniera*. Phyto chem., 36(1): 133-7. | | |

| 236 | Rattan SIS (1989): DNA damage and repair during cellular aging. Int Rev Cytol, 116:47-88. |
| 237 | Rattan SIS (1995): Gerontogenes: real or virtual. FASEB J, 9:284-286. |
| 238 | Rattan SIS (1996): Cellular and molecular determinants of ageing. Indian Exp Biol, 34:1-6. |
| 239 | Rattan SIS (1998): The nature of gerontogenes and vitagenes. Ann N Y Acad Sci, 854:54-60. |
| 240 | Ravaglia G; Forti P; Maioli F et al (1996): The relationship of dehydroepiandrosterone sulphate (DHEAS) to endocrine metabolic parameters and functional status in the oldest-old. Results from an Italian study on healthy free-living over-ninety years olds. J Clin Endocrinol Metab, 81:1173-8. |
| 241 | Reichter C (1987): Biophysical consequences of lipid peroxidation in membranes. Chem Phys Lipid, 44:175-179. |
| 242 | Rice-Evans CA; Miller NJ; Paganga G (1996): Structure - antioxidant activity relationship of flavonoids and phenolic acids. Free Radic Biol Med, 20:933-56. |
| 243 | Rice-Evans CA; Miller NJ; Bolwell PG; Bramley PM and Pridham JB (1995): The relative antioxidant activities of plant derived polyphenolic flavonoids. Free Radic Res, 22 (4): 375-83. |
| 244 | Richardson A and Semsei I (1987): Effect of aging on translation and transcription. In: Rothstein M (Ed), Review of Biological Research in Aging, Vol 3, Alan R Llss, New York, 467-483. |
| 245 | Riffo MS and Parraga M (1997): Role of phospholipase A2 in mammalian sperm - egg fusion; development of hamster oolema fusibility by lysophosphatidyl choline. J Exp Zool, 279:81-88. |
| 246 | Robak J and Gryglewski RJ (1988): Flavonoids are scavengers of superoxide anions. Biochem Pharmacol, 37 (5): 831-41. |
| 247 | Roodenrys S; Booth D; Bulzomi S; Pipps A; Micallef C; Smoker J (2002): Chronic effects of Brahmi (*Bacopa monniera*) on human memory. Neuropsychopharmacology, 27(2): 279-81. |

| 248 | Romero FJ; Bosch-Morell F; Ro MJ; Jareno EJ; Romero B; Marin N (1998): Lipid peroxidation products and antioxidants in disease. Environ Health Perspect, 106 (suppl 5): 1229-34. | | |
|---|---|---|---|
| 249 | Ross JA and Kasum CM (2002): Dietary flavonoids: Bioavailability, metabolic effects and safety. Annu Rev Nutr, 22:19-34. | | |
| 250 | Rudman D (1985): Growth hormone, body composition and aging. J Am Geriatr Soc, 33: 800-807. | | |
| 251 | Ruirui J; Zhang J; Wang S; Liao X and Chen L (2003): D-galactose induces replicative senescence of rat pulmonary microvascular endothelial cells. Chinese Science Bulletin, 48 (7): 680-86. | | |
| 252 | Russo A; Izzo AA; Borrelli F; Renis M and Vanella A (2003 a): Free radical scavenging capacity & protective effect of *Bacopa monniera* L. on DNA damage. Phytother Res. 17(8): 870-5. | | |
| 253 | Russo A; Borrelli F; Campisi A; Acquaviva R; Raciti G and Vanella A (2003 b): Nitric oxide related toxicity in cultured astrocytes: effect of *Bacopa monniera*. J Fthropharmacol, 86(1): 27-35. | | |
| 254 | Sairam K; Dorababa M; Goel RK; Bhattacharya SK (2002): Antidepressant activity of standardized extract of *Bacopa monniera* in experimental models of depression in rats. Phytomedicine, 9(3): 207-11. | | |
| 255 | Salonen JT; Yi-Herttuala S; Yamamoto R; Butler S; Korpala H and Salonen R (1992): Autoantibody against oxidized LDL and progression of carotid atherosclerosis. Lancet, 339:883-7. | | |
| 256 | Sanocka D; Miesel R; Jedrzejczak P; Kurpisz M (1996): Oxidative stress and male infertility. J Androl, 17:449-54. | | |
| 257 | Sanocka D and Kurpisz M (2004): Reactive oxygen species and sperm cells. Reprod Biol Endocrinol, 2:12. | | |
| 258 | Sanz MJ; Ferrandiz ML; Cejudo M; Terencio MC; Gil B; Bustos G; Ubedo A; Gunasegazan R and Alcaraz MJ (1994): Influence of a series of natural flavonoids on free radical generating systems and oxidative stress. Xenobiotica, 24 (7): 689-99. | | |

| 259 | Sasaki N; Tada T and Kaneko T (2003): Protective effects of flavonoids on the cytotoxicity of linoleic acid hydroperoxide towards rat pheochromocytoma PC 12 cells. Chem Biol Interact, 145 (1). | | |
|---|---|---|---|
| 260 | Sastry MS; Dhalla MS and Malhotra CL (1959): Chemical investigation of Herpestis monniera Linn. (Brahmi). Indian J Pharm, 21:303-304. | | |
| 261 | Satyawati GV (1995): Leads from Ayurveda on medicinal plants acting on the nervous system. In: Kaslow SH; Srinivasa MR; Coelho GV (eds): Decade of the BRain: India/USA Research Institute of mental Health, 185-9. | | |
| 262 | Sauer JD (1993): Histological geography of crop plants - a select roster. CRC Press, Boca Raton, Florida. | | |
| 263 | Schlegel RA; Hammerstedt R; Cofer CP and Kozarsky K (1986): Changes in the organization of the lipid bilayers of the plasma membrane during spermatogenesis and epididymal maturation. Biol Reprod, 34:379-391. | | |
| 264 | Schroeder F (1984): Role of membrane lipid asymmetry in aging. Neurobiol Aging, 5:323-333. | | |
| 265 | Sevriukov EA and Evseev LP (1994): Isolation of lactate dehydrogcnase-C4 from human spermatozoa. Vopr Med Khim, 40 (5): 23-25. | | |
| 266 | Schroeder F; Jefferson JR; Kier AB; Knit tel J; Sea lien TJ; Wood WG and Hapala I (1991): Membrane cholesterol dynamics: cholesterol domains and kinetics pools. Proc Soc Exp Biol Med, 196:235-252. | | |
| 267 | Schulze W and Schulze C (1981): Multinucleate Sertoli cells in aged human testis. Cell Tissue Res, 217:259-266. | | |
| 268 | Semsei I; Rao G and Richardson A (1991): Expression of supcroxide dismutase & Catalase in rat brain as a function of age. Mech Ageing Dev, 58 (1): 13-19. | | |
| 269 | Semsei I (2000): On the nature of aging. Mech Aging Dev, 117:93-108. | | |
| 270 | Sen CK (1995): Oxygen toxicity and antioxidants: state of the art Indian J Physiol Pharmacol, 39:178-196. | | |
| 271 | Serre and Robaire (1998): Segment-specific morphloical changes in aging Brovm Norway rat epididymis. Biol Reprod, 58 (2): 497-513. | | |

| 272 | Seth SC; Tibrewala NS; Pal PM; Dube BL; Desai RG (1991): Management of behavioural disorders and minimal brain dysfunction. Probe, 30:222-226. | | |
|---|---|---|---|
| 273 | Sharma S.P., Patro I.K. and Patro N. (1987a). Removal of chloroquine induced lipofuscin by centrophenoxine. Age, 10:123. | | |
| 274 | Sharma SP; Patro IK and Goyal N (1987 b): Centrophenoxine: an ageing reversal agent. In: "Ageing in India, challenge for the society" (Eds) ML Sharma and JM Dak, Ajanta Publ Delhi, 232-236. | | |
| 275 | Shukia B. (1987). Effect of Brahmi rasayana on the central nervous system. Journal of Ethnopharmaco logy 21 :65-74. | | |
| 276 | Sikka SC; Rajasekaran M and Hellstrom WJ (1995): Role of oxidative stress and antioxidants in ipale infertility J Androl, 16:464-8. | | |
| 277 | Sikka SC (1996): Oxidative stress and role of antioxidant in normal and abnormal sperm function. Front Biosci, I: 78-86. | | |
| 278 | Singh HK and Dhawan BN (1982): Effect of *Bacopa monniera* (Linn.) extract in avoidance responses in rats. J Ethnopharmacol, 5:205-214. | | |
| 279 | Singh SN and Kanungo MS (1968): Alterations in lactate dehydrogenase of the brain, heart, skeletal muscle and liver of rats of various ages. J Biol Chem, 243:4526-9. | | |
| 280 | Singh R.H. and Lallan S. (1980). Studies on the anti-anxiety effect of the medhya rasayana drug, Brahmi *(Bacopa monniera Wettst.)* Part 1. J. Res. Ayur. Siddha 1 : 133-148. | | |
| 281 | Singh H.K., Rastogi R.P., Srimal R.C., Dhawan B.N. (1988). Effect of bacosides A and B on avoidance responses in rats. Phytotherapy. Res. 2 : 70-75 | | |
| 282 | Skipski VP; Peterson RF and Barclay m (1962): J Lipid Res, 3:467. | | |
| 283 | Skude G; Von Eyben FE and Kristiansen P (1984): Additional lactate dehydrogenase (LDH) isozyme in normal testis and spermatozoa of adult man. Mol Gen Genet, 198 (1): 172-4. | | |

| 284 | Smith JB; Interman CM and Silver MJ (1996): Malondialdehyde formation as an indicator of prostaglandin production by human platelets. J Lab Clin Med, 88:167-172. | | |
| 285 | Snedecor CW (1946): In "Statistical methods", Lowa State College Press, Amer, Iowa. | | |
| 286 | Sohal RS; Marzabadi MR; Galaris D and Brunk UT (1989): Effect of ambient oxygen concentration on lipofuscin accumulation in cultured rat heart myocytes: a novel in vitro model of lipofuscinogenesis. Free Radic Biol Med, 6:23-30. | | |
| 287 | Song X; Bao M; Li D; Li YM (1999): Advanced glycation in D-galactose induced mouse aging model. Mech Ageing Dev, 108(3); 239-51. | | |
| 288 | Song DU; Jung YD; Chay KD; Chung MA; Lee KH; Yang SY; Shin BA; Ahn BW (2002): Effect of drinking green tea on age associated accumulation of Maillard type fluorescence and carbonyl groups in rat aortic and skin collagen. Arch Biochem Biophys, 397 (2): 424-9. | | |
| 289 | Southern P and Powis G (1998): Free radicals in medicine, its involvement in human diseases. Mayo Clin Proc, 63:390-408. | | |
| 290 | Stohs SJ and Bagchi D (1995): Oxidative mechanisms in the toxicity of metal ions. Free Radic Biol Med, 18:321-336. | | |
| 291 | Storey BT; Alvarez JG and Thompson K (1998): Human sperm glutathione reductase activity in situ reveals limitation in the glutathione antioxidant defense system due to supply of NADPH. Mol Reprod Dev, 49:400-407. | | |
| 292 | Staugh C; Lloyd J Clarke J; Doney LA; Hutchison CW; Rodgers T & Nathan PJ (2002): The chronic effects of an extracts of *Bacopa monniera* (Brahmi) on cognitive function in healthy human subjects. Psychopharmacol (Berl), 156 (4): 481-4. | | |
| 293 | Steinberg D; Parthasarathy S; Carew TE, Khoo JC and Witztum JL (1989): Beyond cholesterol: Modifications of low density lipoprotein that increase its atherogencity. N Engl J Med, 320:915-24. | | |

| 294 | Strehler BL and Freeman MR (1980): Randomness, redundancy and repair role and relevance to biological aging. Mech Ageing Dev, 14:15-38. | | |
| 295 | Sumathy T; Govindaswamy S; Baladrishna K; Veluchamy C (2002): Protective role of *Bacopa monniera* on morphine-induced bain mitochondrial enzyme activity in rats. Fitoterapia, 73(5): 381-5. | | |
| 296 | Suzuki N and Soflkitis N (1999): Protective effects of antioxidants on testicular functions of varicocelized rats. Yonaga Acta Medica, 42: 84-94. | | |
| 297 | Syed V and Hecht n (2001): Selective loss of Sertoli cells and germ cell function leads to a disruption in Sertoli cell-germ cell communication during aging in the Brown Norway Rat. Biol Reprod, 64: 107-112. | | |
| 298 | Tappel AL (1995): Lipid peroxidation and fluorescent molecular damage to membranes. In: "Pathophysiology of cell membrane (Eds). BF Trump and AU Arstilla, Academic Press, New York, 1:145-172. | | |
| 299 | Tappel AL (1980): Measurement and protection from *in vivo* lipid peroxidation. Free Radic Biol (Ed) WA Pryor, Academic Press, New York, Vol.IV, 1-47. | | |
| 300 | Taylor GT; Weiss J; Frechmann T and Heller J (1985): Copulation inducesan acute increase in epididymal sperm numbers in rats. J Reprod Fertil, 73: 323- 327. | | |
| 301 | Terman A and Brunk UT (1998): Lipofuscin: mechanisms of formation and increase with age. APMIS, 106(2): 265-76. | | |
| 302 | Terman A and Brunk UT (2002): Mitochondrial-lysosomal axis theory of aging. Accumulation of mitochondria as a result of imperfect autophagositosis. Eur J Biochem, 269:1996-2002. | | |
| 303 | Terman A and Brunk UT (2004): Lipofuscin. Int J Biochem Cell Biol, 36(8):1400-4. | | |
| 304 | Tesarik J and Flechon JE (1986): Distribution of sterols and anionic lipids in human sperm plasma membrane: Effects of in vitro capacitation. J Ultrastruct Mol Struct Res, 97:227-232. | | |

| 305 | Thaw HH; Brunk UT and Collins VP (1984): Influence of oxygen tension, pro oxidant and antioxidants on the formation of lipid peroxidation products (lipofuscin) in individual cultivated human glial cells. Mech Ageing Dev, 24; 211-223. | | |
|---|---|---|---|
| 306 | Thiel JJ; Freisleben HJ; Fschs J; Ochsendorf FR (1995): Ascorbic acid and urate in human seminal plasma: determination and interrelationships with shemiluminescence in washed semen. Hum Reprod, 10:110-115. | | |
| 307 | Tomake BA and Pillai MM (1995): Integrity of lysosomes in heart and brain of male mice during aging. Indian J Gerontol, 9 (1 *&2)*: 6-16. | | |
| 308 | Torel J; Cillard J and Cillard P (1986): Antioxidant activity of flavonoids and reactivity with peroxy radical. Phytochemistry, 25:382-386. | | |
| 309 | Tripathi YB; Chaurasia S; Tripathi E; Upadhyay A & Dubey GP (1996); *Bacopa monniera* Linn, as an antioxidant. Mechanism of action. Indian J Exp Biol, 34: 523-526. | | |
| 310 | Tsay H; Wang P; Wang S and Ku H (2000): Age associated changes of superoxide dismutase and Catalase activities in the rat brain. J Biomed Sci, 7: 466-474. | | |
| 311 | Twigg J; Fulton N; Gomez E; Irvine DS and Aitken RJ (1998): Analysis of impact of intracellular reactive oxygen species generation on the structural and functional integrity of human spermatozoa: lipid peroxidation, DNA fragmentation and effectiveness of antioxidants. Hum Reprod, 13:1429-1436. | | |
| 312 | Usmar UD; Wiseman H; Halliwell B (1995): Nitric oxide and oxygen radicals, a question of balance. FEBS letters, 369:131-135. | | |
| 313 | Vaidya ADB (1997): The status and scope of Indian medicinal plants acting on central nervous system. Indian J Pharmacol, 29 (5): 5340-5343. | | |
| 314 | Van Remmen H; Word WF; Sabia RV and Richardson A (1995): In: Handbook of physiology: Aging edited by Masoro E (Oxford University Press), 171. | | |

| 315 | Verma RJ (2001): Sperm quiescence in cauda epididymis: a mini - review. Asian J Androl, 3:181-183. | | |
|---|---|---|---|
| 316 | Vermeulen A (1991): Clinical review: Androgens in the aging male. J Clin Endocrinol Metab, 73:221-224. | | |
| 317 | Vemet P; Fulton N; Wallace C; Aitken RJ (2001): Analysis of reactive oxygen species generating systems in rat epididymal spermatozoa. Biol Reprod, 65:1102-1113. | | |
| 318 | Viger RS and Robaire B (1995): Gene expression in the aging Brown Norway Rat epididymis. J Androl, 16:108-17. | | |
| 319 | Viiji N (1985): LDH-C4 in human seminal plasma and its relationship to testicular functions and methodological aspects. Int J Androl, 8:193-200. | | |
| 320 | Vogelzang NJ; Lange PH and Goldberg E (1982): Absence of sperm specific lactate dehydrogenase-X in patients with testis cancer. Oncodev Biol Med, 3 (4): 269-72. | | |
| 321 | Vohora D; Pal SN; Pillai KK (2000): Protection from phenytoin induced cognitive deficit by *Bacopa monniera* a reputed Indian Nootropic plant. J Ethnopharmacol, 71 (3): 383-390. | | |
| 322 | Wallace DC (1992): Mitochondrial genetics; A Paradigm for aging and degenerative diseases. Science, 256:628. | | |
| 323 | Wang C; Leung A; Sinha-Hikim AP (1993): Reproductive aging in the male Brown Norway rat: a model for the human. Endocrinol, 133:2773-2781. | | |
| 324 | Wang YH; Ye J; Li CL; CAi SQ; Ishizaki M; Katada M (2004): An experimental study on antiaging action of Cordyceps extract. Zhongguo Zhong Yao Za Zhi, 29 (8): 773-6. | | |
| 325 | Waterhouse AL (1995): The antioxidants. The Nutrition Superbook, edited by Jean BArilla, M.S. Keats publishing Inc. ' | | |
| 326 | Weinbauer GF and Wessels J (1999): Paracrine control of spermatogenesis. Androl, 31L 249-262. | | |
| 327 | Whilmark U; Wrigstad A; Roberg K; Nilsson SG and Brunk UT (1997): Lipofuscin accumulation *in* cultured retinal pigment epithelial cells causes enhanced sensitivity to blue light irradiation. Free Radic Biomed, 22(7): 1229-34. | | |
| 328 | Wilkinson JH (1970): " Lactate dyhydrogenase" is isozyme, Chapman and Hall Ltd., 1 1Ne2 FFtter lane, London, EC4. | | |

| 329 | Wills SS (1949): In "Elementary statistical analysis" Princeton University Press. | |
| 330 | Wills ED (1966): Biochem J, 99:667. | |
| 331 | Winston GW and Digiulio RT (1991): Proxidant and antioxidant mechanisms in aquatic organisms. Aquat Toxicol, 19:137-161. | |
| 332 | Wise PM; Kraynak KM; Kashon ML (1996): The aging of multiple pacemakers, Science, 273:67-70. | |
| 333 | Wiseman H; Kaur H and Halliwell B (1995): DNA damage and cancer: Measurement and mechanism. Cancer Letters, 93:113-120. | |
| 334 | Wiseman H and Halliwell B (1996): Damage to DNA by inflammatory disease and progression to cancer. Biochem J, 43:17-29. | |
| 335 | Witkop CJ (1985): Inherited disorders of pigmentation. Clin Dermatol, 3: 70- 134. | |
| 336 | Wolf H and Anderson DJ (1988): Immunohistologic characterization and quantitation of leukocytes subpopulations in human semen. Fertil Steril, 49: 497-504. | |
| 337 | Wolf KN; Wildt DE; Varagas A; Marinari PE; Kreeger JS; Ottinger MA; Howard JG (2000): Age dependent changes in sperm production, semen quality and testicular volume in the black footed ferret *(Mustela nigripes)*. Biol Reprod, 63(1): 179-87. | |
| 338 | Wright WW; Fiore C; Zirkin BR (1993): The effect of aging on the seminiferous epithelium of the Brown Norway rat. J Androl, 14:110-117. | |
| 339 | Xue JC and Goldberg E (2000): Identification of a novel testis specific leucine-rich protein in humans and mice. Biol Reprod, 62:1278-1284. | |
| 340 | Ya *udim KA; Shukitt-Halc B;* Joseph J A (2004): Flavonoids and the brain: interactions at the blood brain barrier and their physiological *effects on* Ithe central nervous system. Free Radic Biol Med, 37(11): *1683-93.* | |
| 341 | Yeagle PL *(1994):* Lipids and lipid intermediate structures in the fusion of biological membranes. *Curr Top* Membr, 4:197-214. | |

| 342 | Yeung CH; Cooper TG and DeGeyter M (1998): Studies on the origin of redox enzymes in seminal plasma and their relationship with results of in vitro fertilization. Mol Hum Reprod, 4:*835-839.* |
| 343 | Zalata *AA;* Christoph AB; Oepuydt CE; Schoonjans F and Comhaire FH (1998): White blood cells cause oxidative damage to the fatty acid composition of phospholipids of human spermatozoa. Int J Androl, 21 (3): 154-162. |
| 344 | Zaneveld LJD; De Jonge *CJ;* Anderson RA and Mack SR (1991): Human sperm capacitation and the acrosome reaction. Hum Reprod, 6:1265-1274. |
| 345 | Zanotti A; Rubini R; Calderini G and Toffano G (1987): Paharmacological properties of phosphatidylserine, Effects on memory function. In: Nutrients and Bain Function. Essman, WB ed. N Y: Karger: 95-102. |
| 346 | Zheng GQ; Kenney PM; Zhang J and Lam LK (1992): Inhibition of benzo(a) pyrene induced tumorigenesis by myristicin, a volatile aroma constituent of parsley leaf oil. Carcinogenesis, 13(10): 1921-3. |
| 347 | Ziauddin M *et al* (1996): Studies on the immunomodulatoiy effects of Ashwagandha. J Ethnopharmacol, 50 (2): 69-76. |
| 348 | Zinkham WH; Blanco A and Clowry LJ Jr. (1964): An unusual isozyme of lactate dehydrogenase in mature testes: localization, ontogeny and kinetics properties. Ann N Y Acad Sci, 121:571-88. |
| 349 | Zirkin BR; Santu JIi R; Stranberg JD; Wright WW; Ewing LL (1993): Testicular steroidogenesis in the aging Brown Norway rat. J Androl, 14: 118- 123. |
| 350 | Zirkin BR and Chen H (2000): Regulation of Leydig cell steroidogenic function during aging. Biol Reprod, 63:977-981. |
| 351 | Zs-Nagy, I (1978): A membrane hypothesis of aging. J Theor Biol, 75: 189- 195. |
| 352 | Zs-Nagy I (1987): An attempt to answer the questions of theoretical gerontology on the basis of the membrane hypothesis of aging. Adv Biosci, 64:393-413. |
| 353 | Zubkova EV and Robaire B (2004): Effect of glutathione depletion on antioxidant enzymes in the epididymis, seminal vesicles, liver and on spermatozoa motility in the aging Brown Norway rat Biol Reprod, 71(3): 1002-8. |

Printed by Books on Demand GmbH, Norderstedt / Germany